别让习惯害了你

BIERANG XIGUAN HAILE NI

冠诚◎著

郑州大学出版社

郑州

图书在版编目（CIP）数据

行为心理学：别让习惯害了你 / 冠诚著. — 郑州：
郑州大学出版社，2017.8

（"绘世"人生心理学丛书）

ISBN 978 - 7 - 5645 - 4534 - 5

Ⅰ.①行… Ⅱ.①冠… Ⅲ.①行为主义－心理学－通
俗读物 Ⅳ.①B84－063

中国版本图书馆 CIP 数据核字（2017）第 148029 号

郑州大学出版社出版发行

郑州市大学路 40 号　　　　　　　邮政编码：450052

出版人：张功员　　　　　　　　　发行电话：0371－66966070

全国新华书店经销

北京世纪雨田印刷有限公司印制

开本：145 mm×210 mm　1/32

印张：9.25

字数：178 千字

版次：2017 年 8 月第 1 版　　　　印次：2017 年 8 月第 1 次印刷

书号：ISBN 978 - 7 - 5645 - 4534 - 5　　定价：35.00 元

本书如有印装质量问题，由本社负责调换

　　A小姐和男朋友到了谈婚论嫁的时候，双方家人约定一起吃顿饭。但是在饭后，A小姐的父母就直接告诉她："这个男的不行，他家里人也不怎么样，跟他们在一起生活你一定会受苦的。"

　　A小姐很不解，刚才吃饭的时候并没有什么不愉快，怎么父母的态度突然有这么大的转变呢？再说了，跟他相处的人是自己，难道这么久以来自己的感觉都是错误的吗？A小姐很不解。但是紧接着父母心平气和的一番话让她哑口无言：

　　"在餐桌上可以看出他们一家都是自私的人。因为在餐桌上他们只顾自己吃饭，而丝毫没有顾及到别人。那一盘里有六个丸子，正好我们一人一个，而他的母亲给他夹走了三个，说明她的眼里只有她的儿子，以后也不会有你。这样你们以后吵架了受委屈的肯定是你。他们在餐桌上流露出来的行为都是已经深入其心的习惯，这些习惯里藏着他们的性格和人品。"

　　读了这个故事，我们在感叹A小姐的父母"眼光毒辣"的同时，也不得不承认，习惯真是个"可怕"的东西。用餐习惯、说话习惯、接人待物的习惯、处理急事的习惯，等等。从这些习惯里，我们可以看出一个人的性格是急躁还是稳重，可以看出一个人的心地是善良还是歹毒，可以看出一个人的事业能走多远，也可以看出一个人值不值得托付终生。

习惯雷厉风行的人做事必然讲求效率，成功也是自然而然的事。同样，习惯做事拖拉的人今日事不能今日毕，久而久之，工作自然也不会有起色。一个小小的习惯，或许可以成为一个人友善的标志，消除陌生人之间的隔阂。一个小小的习惯，或许就是多年情感的积淀，时刻让爱人怀念对方的每一种温柔。同样，一个不经意的习惯，也会让人对他人的人品产生怀疑，也许一扇成功的大门就这样无情关闭，也许会如开篇故事那样让一段感情无疾而终。

习惯是一种非常微妙的力量。俗话说"冰冻三尺非一日之寒"，习惯也是在日积月累之后形成的，因此它有一种巨大的力量，能够影响甚至决定一个人的性格、事业、情感和命运。千里之堤毁于蚁穴，细节决定成败。而一个人的习惯正是能够说明他的生活态度、心理状态、行为处事的细节，这些细节是成就一个人的力量，同样，它们也有摧毁一个人的力量。其实在不知不觉中，也许你的坏习惯正在一点点毁了你的生活、事业！

本书从习惯暴露出的人的弱点，习惯对人的心态、交际、情感家庭、事业工作等各方面的影响着手，或运用身边真实的故事，或引用历史中的名人故事，深入分析道理，如同医生，将习惯的病症分门别类展现在每一位读者面前，便于读者及早发现，及时改正问题，不让自己的人生被坏习惯摧毁！

编　者

行为心理学 # 目录

第一章

这些习惯

暴露了你的弱点

习惯就像影子一样追随你

美国著名演讲家罗宾·西格尔说，性格是人的一切习惯的总和。如果一个人有各种各样的好习惯，人们就认为他有良好的性格。如果一个人有很多坏习惯，人们就说他性格不好。

透过生活中无处不在的习惯，我们可以发现习惯往往与人的性格有着非常密切的联系，通过这一点，也可以对一个人的性格进行观察。

有收藏习惯的人多追求生活的高层次享受，他们不但要求温饱、稳定、家庭和睦、事业成功，而且要有丰富充实的休闲生活，以及紧张的学习、工作之余消除疲劳，潜移默化地增长知识，得到美的享受。一般来说，收藏是根据个人爱好将某一类物品精心组织、收集并妥善保管、储藏，以自娱或是供他人观赏、研究等的一种很有益处的文化娱乐活动。爱好收藏的人希望通过对某一类感兴趣物品的收集、保藏、鉴赏、研究、玩味、展示等方式，丰富休闲文化生活，得到美的体验，增长知识，开阔视野，加强感情交流，广交朋友。

习惯读书、写作能使人精确。如果一个人很少写东西，那么他就必须有很好的记忆力。如果他很少与人谈话，那么他必须非常狡猾，才可以不懂装懂。历史能使人聪慧，诗歌能使人灵秀，数学能使人精细，哲学能使人深沉，伦理学能使人庄重，逻辑学和修辞学能使人善辩。可见，有读书习惯的人，通过书的熏陶，比其他人更充实、聪慧、灵秀、精细、深沉、庄重和善辩。

在现实生活中，嗜烟如命者多意志薄弱，或古道热肠；视烟如敌者多疾恶如仇，或偏激执拗。吸而能戒者多意志坚定或冷静世故；吸而不多者多宽容随和，或圆滑机巧。吸烟者多性格外向，善于交际，为人处世大度豪爽，当然也有可能马虎、放荡；而不吸烟者则多性格内向，怯于交际，他们在为人处世时多严谨、沉稳，但也有可能是拘谨、吝啬。

另外，通过烟我们还可以看出人与人之间的关系亲疏。客客气气地递烟，说明彼此之间还很生分，或是两者之间存在着一定的矛盾。相互抢着递烟说明双方地位平等，或视为平等，且都愿意发展友好关系。随随便便递烟，不计较是否"礼尚往来"，说明双方关系较深，已达到了"无论怎样也没有关系"的程度了。伸手到对方口袋里自己取烟，取出来以后又分发给别人，这种关系就更是亲密无间了，简直不分彼此。

对于寻常人来说，喝茶在很大程度上是为了解渴，而对

第一章
这些习惯暴露了你的弱点

另外一些人来说，喝茶的习惯则不是喝而是品，在其中能够咂摸出许多的文化韵味和审美情趣来。曾有一首《七碗茶》诗，诗中这样写道："上碗喉吻润。二碗破孤闷。三碗搜枯肠，唯有文字五千卷。四碗发轻汗，平生不平事，尽向毛孔散。五碗肌骨清，六碗通仙灵。七碗吃不得也，惟觉两腋习习清风生。"这《七碗诗》可谓将茶品得淋漓尽致。有品茶习惯的人，其性情境界并不是一般人能及的。

可见，透过日常生活中无处不在的习惯，只要我们仔细研究、揣摩，便能找到许许多多内在的规律。

一开口就知道你的习惯

一个习惯谈论自己，包括曾有的经历、自我的个性、对外界一些事物的看法、态度和意见的人，一般来说，这样的人多比较外向，感情色彩鲜明而且强烈，主观意识较浓厚，爱表现和公开自己，多少有点虚荣。

与此相反，如果一个人不习惯谈论自己，包括曾有的经历、自我的性格、对外界一些事物的看法、态度和意见等等，则表明这个人的性格比较内向，感情色彩不鲜明也不强烈，主观意识比较淡薄，不太爱表现和公开自己，一般具有保守和自卑的心理。另外这种人可能有很深的城府。

如果一个人在叙述某一件事情的时候，只是单纯地在叙述，不加入过多的自我感情色彩，而是将自己置身事外，则表明这个人比较客观、理智，情感比较沉着和稳定，不会有过激行为。

相反，一个人在叙述某一件事的时候，自我感情非常丰富，特别注意个别细节，则说明这个人感情比较细腻，会一触即发。

如果一个人在说话时习惯于进行因果和逻辑关系的推理，给予一定的判断和评价，说明这个人有很强的逻辑思维能力，比较客观和注重实际，自信心和主观意识比较强，常会将自己的思想观点强加于他人身上。

如果一个人的谈话属于概括型的，非常简单，但又准确到位，注重结果而不太关心某个细节过程，平时关心的也是宏观的大问题，则显示出这个人具有一定的管理者和领导者才能，独立性较强。

如果一个人谈话非常注重过程中的某个具体细节问题，对局部的关心要多于对整体的关注，则表明这个人适合于从事某项比较具体的工作。这一类型的人支配他人的欲望不是特别强烈，可能会顺从于他人的领导。

一个人谈论的内容多倾向于生活中的琐事，表明他属于安乐型的人，注重享受生活的舒适和安逸。

一个人如果经常谈论国家大事，表明他的视野和目光比较开阔，而不是局限在某一个小圈子里。

一个人如果习惯畅想将来，则表明他是一个爱幻想的人，这种人有的能将幻想付诸行动，有的却不能。前者注重计划和发展，实实在在地去做，很可能会取得一番成就。但后者只是停留在口头说说而已，最终多会一事无成。

在谈话时，比较注重自然现象，那么这个人的生活一定很有规律，为人处世也非常小心和谨慎。

经常谈论各种现象和人际关系的人，可能自己在这一方面颇有心得。

不习惯对人指手画脚、进行评论的人，偶尔在不得已的时候发表自己的看法，当面与背后的言辞也多会基本保持一致，这说明这个人是非常正直和真诚的。

对他人的评价表面一套，背地一套，当面奉承表扬，背后谩骂、诋毁，表明这个人是极度虚伪的。

有人不断地指责他人的缺点和过失，目的是通过对比来证明和表现自己。

一般来说，与人谈话时切忌把话题扯得很远，或者不断地转变话题，这样就会让人觉得你在敷衍了事，而且缺少必要的宽容、尊重、体谅和忍耐。

你以为握手只是在问好？

握手，是现代社会人与人交往中的一种习惯性礼节。虽然只是简单的动作，但这其中却也有很大的学问。有专家研究表明，握手可以反映出一个人的很多信息。

握手时的力量很大，甚至让对方有疼痛的感觉，这种人多是逞强而又自负的。但这种握手方式在一定程度上又说明了握手者的内心比较真诚。同时，他们的性格也是坦率而又坚强的。

握手时显得不甚积极主动，手臂呈弯曲状态，并往自身贴近，这种人多是小心谨慎、封闭保守的。

握手时只是轻轻地一接触，握得不紧也没有力量，这种人多属于内向型人，他们时常悲观，情绪低落。

握手时显得迟疑，多是在对方伸出手以后，自己犹豫一会儿，才慢慢地把手递过去。排除一些特殊的情况，在握手时有这种表现的人，性格多内向，且缺少判断力，不够果断。

不把握手当成表示友好的一种习惯，而把它看成是例行的公事，这表明此种人做事草率，缺乏足够的诚意，并不值得深交。

一个人握着另外一个人的手，握了很长的时间还没有收回，这是一种测验支配力的方法。如果其中一个人先把手抽出、收回，说明他没有另外一个人有耐力。相反，另外一个人若先抽出、收回手，则说明他的耐心不够。总之，谁能坚持到最后，谁胜算的把握就大一些。

虽然在与人接触时，把对方的手握得很紧，但只握一下就马上拿开了。这样的人在与人交往中多能够很好地处理各种关系，与每个人都好像很友善，可以做到游刃有余。但这可能只是一种外表的假象，其实在内心里他们是非常多疑的，他们不会轻易地相信任何一个人，即使别人是非常真诚和友好的，他们也会加倍地提防、小心。

在握手时，非常紧张，掌心有些潮湿的人，在外表上，他们的表现冷淡、漠然，非常平静，一副泰然自若的样子，但是他们的内心却是非常的不平静。只是他们懂得用各种方法，比如说语言、姿势等来掩饰自己内心的不安，避免暴露一些缺点和弱点。他们看起来是一副非常坚强的样子，所以在他人眼里，他们就是一个强人。在比较危难的时候，人们可能会把他们当成是一颗救星，但实际上，他们也非常慌乱，甚至比他人还要严重。

握手时显得没有一点力气，好像只是为了应付一件不得不做的事情，而被迫去做的。他们在大多数时候并不是十分坚强，甚至是很软弱的。他们做事缺乏果断、利落的干劲和魄力，而显得犹豫不决。他们希望自己能够引起他人的注意，可实际上，其他人往往在很短的时间内就会将他们忘记。

用双手和别人握手的人，大多是相当热情的，有时甚至热情过了火，让人觉得无法接受。他们大多不习惯受到某种约束和限制，而喜欢自由自在，按照自己的意愿生活。他们有反传统的叛逆性格，不太注重礼仪、社交等各方面的规矩。他们在很多时候是不拘小节的，只要能说得过去就可以了。

握手时，把别人的手推回去的人，大多都有较强的自我防御心理。他们常常感到缺少安全感，所以时刻都在做着准备，在别人还没有出击但有这种倾向之前，自己先给予有力地回击，占据主动。他们不会轻易地让谁真正地了解自己。如果是这样，会使他们的不安全感更加强烈。他们之所以这样，在很大程度上是由于自卑心理在作怪。他们不会去接近别人，也不会允许别人轻易接近自己。

习惯于抽水机般握手方式的人，他们大多有相当充沛的精力，能同时应付几件不同的事情。他们做事非常有魄力，说到做到，干脆而又利落。除此以外，这一类型的人为人也较亲切、随和。

像虎头钳一样紧握着对方的人，在绝大多数的时候都显得冷淡、漠然，有时甚至是残酷。他们希望自己能够征服别人、领导别人，但他们会巧妙地隐藏自己的这种想法，而是运用一些策略和技巧，在自然而然中达到自己的目的。从这一方面来说，他们是很工于心计的。

可见，握手的习惯虽然看似平淡无奇，但通过深层次的分析，我们便能辨出握手的交情与习惯。

站有站相，坐有坐姿

站相坐姿是指人们在日常生活、工作、学习和社会交往中，一些最基本的动作应具备的礼仪规范。一些人因不注意这些小的动作而形成了不良习惯，结果后患无穷。

所谓站有站相，主要是指站姿要正直。人的正常站姿，也就是人在自然直立时的姿势。其基本要求是：头正、颈直，两眼向前平视，闭嘴、下腭微收；双肩要平，微向后张，挺胸收腹，上体自然挺拔；两臂自然下垂，手指并拢自然微屈，中指压裤缝；两腿挺直，膝盖相碰，脚跟并拢，脚尖张开；身体重心穿过脊柱，落在两脚正中。从整体看，形成一种优美挺拔、精神饱满的体态。这种体态的要诀是：下长上压，下肢、躯干肌肉群绷紧向上伸挺，两肩平而放松下沉。前后相夹，指臂后夹紧向前发力，腹部收缩向后发力。左右向中，自己感觉身体两侧肌肉群从头至脚向中间发力。这种站立姿势除少数人员作为工作体态外，主要是用来作为体态训练，它是其他各种形式站立的基础。不注意基础训练或训练中不得要领，会使人产生躯体型或习惯性畸形。常见的畸形有含胸、脊柱后弯、凸胸腆肚、探颈、视线高而鹅步、扣肩驼背，造成缩颈耸肩、胸部发育不良、臀部肌肉下垂、膝盖突出、站立重心偏移，易产生塌腰、背肩、拱臂、O形腿等。

平时站立时，两腿可以分开不超过一脚长的距离，如果叉得太开是不雅观的。站立时间较长时，可以以一腿支撑身体的重心，另一腿稍稍弯曲，但上体仍需保持挺直。

在站立时，切忌无精打采地东倒西歪，耸肩勾背，或者懒洋洋地倚靠在墙上、桌边或其他可倚靠的东西上，这样会破坏自己的形象。站立谈话时，两手可随谈话内容适当做些手势，但在正式场合，不宜将手插在裤袋里或交叉在胸前，更不要下意识地做小动作，如摆弄打火机、香烟盒、玩弄衣带、发辫、咬手指甲等。这样，不但显得拘谨，给人以缺乏自信和经验的感觉，而且也有失仪表的庄重。

所谓坐有坐相，是指坐姿要端正。人的正常坐姿，在其身后没有任何依靠时，上身应挺直稍向前倾，头平正，两臂贴身自然下垂，两手随意放在自己腿上，两腿间距与肩宽大致相等，两脚自然着地。背后有依靠时，在正式社交场合，也不能随意地把头向后仰靠，显出很懒散的样子，这就是我们常说的"坐如钟"。但在日常生活中，我们又不可能时时处处这样端庄稳重。为了保证坐姿的正确优美，应该注意以下几点：一是落座以后，两腿不要分得太开，女性这样坐尤为不雅；二是当两腿交叠而坐时，悬空的脚尖应向下，切忌脚尖向上，并上下抖动；三是与人交谈时，

第一章

这些习惯暴露了你的弱点

勿将上身向前倾或以手支撑着下巴；四是落座后应该安静，不可一会儿向东，一会儿向西，给人一种不安分的感觉；五是坐下后双手可相交搁在大腿上，或轻搭在沙发扶手上，但手心应向下；六是如果座位是椅子，不可前俯后仰，也不能把腿架在椅子或沙发扶手上、架在茶几上，这都是非常失礼的；七是端坐时间过长，会使人感觉疲劳，这时可变换为侧座；八是在社交和会议场合，入座要轻柔和缓，入座要端庄稳重，不可猛起猛坐，弄得座椅乱响，造成紧张气氛，更不能带翻桌上的茶杯等用具，以免尴尬。

总之，坐的姿势除了要保持腿部的美以外，背部也要挺直。不要像驼背一样，弯胸曲背。如座位两边有扶手时，不要把两手都放在两边的扶手上，给人以老气横秋的感觉，而应轻松自然、落落大方，方显得文静优美。

除了站相和坐姿以外，行走的姿势也是每个人最基本的行为动作，它的姿势也是行为礼仪中所必不可少的内容。每个人行走总比站立的时候要多，而且行走一般又是在公共场所进行的，所以，要非常重视行走姿势的轻松优美。人的正常行走姿势，应当是身体挺立，两眼直视前方，两腿有节奏地向前迈步，并大致走在一条等宽的直线上。行走时要求步履轻捷，两臂在身体两侧自然摆动。走路时步态美不美，是由步度和步位决定的。如果步度和步位不合标准，那么全身摆动的姿态就失去了协调的节奏，也就失去了自身的步韵。

总之，走路的正确姿势应当是：轻而稳，胸要挺，头抬起，两眼平视，步度和步位合乎标准。走路过程中要特别注意以下几点：一是走路时，应自然地摆动双臂，幅度不可太大，只能做小幅度的摆动，切忌做左右式的摆动。二是走路时，应保持身体的挺直，切忌左右晃动或摇头晃肩。三是走路时，膝盖和脚踝都应轻松自如，以免浑身僵硬，同时，切忌走内八字或外八字。四是走路时，不要低头或后仰，更不要扭动臀部，这些姿势都不美。五是多人一起行走时，不要排成横队，勾肩搭背，边走边大说大笑，这都是不合礼仪的表现。有急事需要超过前面的行人，不得跑步，可以大步超过，并转身向被超者致意或道歉。六是步度与呼吸应配合成有规律的节奏，穿礼服、裙子或旗袍时，步度要轻盈舒畅，不可迈大步行走，若穿长裤步度可稍大一些，这样才显得活泼生动。七是行走时，身体重心可以稍向前，它有利于挺胸收腹，此时的感觉是身体重心在前脚上。

　　理想的行走轨迹是脚正对前方所形成的直线，脚跟要落在这条线上。若脚的方向朝里，会形成罗圈脚；脚尖过于外撇，会造成 X 形脚。这些都是不正确、不规范、不雅观的习惯。

手语也是一种习惯

一般来说，人的种种习惯都能从千姿百态的手势中体现出来。通过手势我们也可以对一个人有一定程度的了解。仔细认真地观察，你会发觉这其中也是大有学问的。

不自然的手势，会造成人与人之间交往的障碍；优美动人的手势，会使人感到心情愉快；柔和温暖的手势，会让人不由自主地产生感激之情；坚决果断的手势，会让人感受到某种力量。

可见，在与人交往中，手势已经成了其中很重要的一部分，它起着加强语言的力量，丰富语言的色彩等补充和说明的作用，更多的时候，它甚至能够成为一种独立而有效的语言进行使用。

一般来说，明显的、有意图的手势传递的信息量往往更大，如挥手表示再见，双手比画一定的尺度大小，竖起大拇指表示对某人的称赞，竖起小拇指则表示轻蔑，食指弯曲与拇指接触，呈圆形，其余三指张开，表示某件事情已经完成，即"OK"。而拇指和食指伸直，呈垂直状态，其余三指并拢，成大致的枪形，则表示怀有某种仇恨，有发泄的欲望，等等。

当然，这些手势都是在生活当中约定俗成的，大家都懂的，但这些手势在不同的地区、不同的国家、不同的宗教信仰和文化背景下，人们的理解可能会有一些差异。通常，一个人的手指若不停地动弹，多是他目前正处在一种非常紧张的状态中，而感到无所适从，借这种方式来转移自己的注意力，以缓解紧张的心理。

用手指轻轻地敲打桌面，暗示这个人可能陷入某种困境当中，或是在思考解决问题的办法，或是处在犹豫之中，不知道某个决定到底是该下还是不该下，也有可能是这个人不耐烦，用这种方式来减轻烦躁的情绪。

一个人如果经常有无聊的手势和动作，说明这个人的自制能力比较差，且比较重视表面化的一些东西，虚荣心和表现欲望比较强烈。

一个人如果习惯做出让人感觉到非常有力量的手势，说明这是一个有勇气，有魄力，凡事敢做敢当，能够承担一定责任的人。这一类型的人做事非常果断和坚决，一旦想做，就会付诸行动，而且有一定的韧性和毅力，不会轻易放弃。

习惯于把手指放到嘴边咬指甲或是吮吸手指的人，让人看起来感觉极不舒服，甚至是恶心，这样的人无论外表多么高大健壮，他们在精神和心态上也还是比较幼稚的，因为真正成熟的人绝对不会有这样的行为。

在与人交往中，突然用两手紧紧地抱住胳膊，身体稍微向后抑或是双手叉腰，身子前探，这都表示对对方的话持不赞成的态度。前一种姿势含有轻视的意思，而后一种则表示欲与对方辩论，争出个是非对错来。

在听人讲话时，习惯把双手插进口袋里，这是一种很不礼貌的行为表现，会让对方产生一种不被信任的感觉。在说错某一句话时，赶紧用手捂住嘴，作遮掩之势，这样的人多性格比较内向，而且腼腆，说错话以后会非常后悔，并感觉不好意思，而耿耿于怀。

在生活中，打什么样的手势便能透露出什么样的信息，对于漫不经心的动作，或是不健康的手势，我们坚决摒弃；而对于富有含义的手势，我们不妨多多运用。

你的衣着里有你的个性

随着社会的进步与发展，现在从衣着打扮的习惯上判断一个人的难度在无形之中增大了，因为现在的人们提倡张扬个性，不再拘泥于这样或那样的形式，所以不能按照传统的习惯进行观察和判断。但也正是由于张扬个性，不拘泥于形式，人们可以更加充分地通过衣着展示自己的心理状况、审美观点等。仔细观察，从而找出某些内在的规律。

一般来说，习惯穿简单朴素衣服的人，性格比较沉着、稳重，为人较真诚和热情。这种人在工作、学习和生活当中，对任何一件事情都比较踏实、肯干，勤奋好学，评判事情客观、理智。

习惯穿单一色调服装的人，多比较正直、刚强的，理性思维要优于感性思维。

习惯穿淡色便服的人，多比较活泼、健谈，且喜欢结交朋友。

习惯穿深色衣服的人，性格比较稳重，显得城府很深，不太爱多说话，凡事深谋远虑，常会有一些意外之举，让

第一章

这些习惯暴露了你的弱点

人捉摸不定。

习惯穿式样繁杂、五颜六色、花里胡哨衣服的人，多是虚荣心比较强，爱表现自己而又乐于炫耀的人，他们任性甚至还有些飞扬跋扈。

习惯穿特别艳丽的衣服的人，一般都具有很强的虚荣心和自我表现欲。

习惯穿流行时装的人，最大的特点就是没有自己的主见，不知道自己有什么样的审美观，他们多情绪不稳定，且无法安分守己。

习惯根据自己的喜好选择服装而不跟着流行走的人，多是独立性比较强，有果断的决策力的人。

习惯穿同一款式的人，性格大多比较直率和爽朗，他们有很强的自信心，爱憎、是非、对错往往都分得很明确。他们的优点是做事不犹豫，显得非常干脆和利落。言必信，行必果。但他们也有缺点，那就是清高自傲，自我意识比较浓，常常自以为是。

喜欢穿短袖衬衫的人，他们的性格是放荡不羁的，但为人却十分随和亲切，他们很热衷于享受，凡事率性而为，不墨守成规，喜欢有所创新的突破。自主意识比较强，常常是以个人的好恶来评定一切。他们虽然看起来有点吊儿郎当，但实际上他们的心思还是比较缜密的，而且什么时候都知道自己是做什么的，所以他们能够三思而后行，小心谨慎，不至于因为任性妄为而做出错事来。

喜欢穿长袖衣服的人，大多比较传统和保守，为人处世都爱循规蹈矩，而不敢有所创新和突破。他们的冒险意识在某一方面来讲是比较缺乏的，但他们又喜爱争名逐利，自己的人生理想定得也很高。这样的人最大的优点就是适应能力比较强。把他们任意放在一个地方，都会很快地融入其中，所以通常会营造出比较好的人际关系。他们很重视自己在他人心目中的形象，希望得到注意、尊重和赞赏，从而在衣着打扮、言谈举止等各个方面都总是严格地要求自己。

习惯宽松自然的打扮，不讲究剪裁合身、款式入时的衣着的人，多是内向型的。他们常常以自我为中心，而融不到其他人的生活圈子里。他们有时候很孤独，也想和别人交往，但在与人交往中，又总会出现许多的不如意，所以到最后还是以失败而告终。他们多是没有朋友，可一旦有，就会是非常要好的，他们的性格中害羞、胆怯的成分比较多，不容易接近别人，也不易被人接近。他们对团体的活动一般都不感兴趣。

习惯打扮素雅、以实用为原则的人，他们多是比较朴实、大方、心地善良、思想单纯而又具有一定的宽容和忍耐力的人。他们为人十分亲切、随和，做事脚踏实地，从来不会花言巧语地去欺骗和耍弄他人。他们的思想单纯，但绝不是对事物缺乏自己独特的见解。他们具有很好的洞察力，总是能把握住事情的实质，而做出最妥善的决定和方案。

习惯穿色彩鲜明、缤纷亮丽的服装的人，他们多是比较

第一章
这些习惯暴露了你的弱点

活泼、开朗的，坦率又豁达，对生活的态度也比较积极、乐观和向上。同时，他们的自我表现欲望比较强，常常会制造些意外，给人带来耳目一新的感觉，以吸引他人的目光。

穿着打扮的习惯最能体现一个人的个性。不管这些个性孰优孰劣，在特定的场合一定要注意特定的打扮。

不能忽略脚下的秘密

鞋子是我们日常生活中每个人都必备的日常用品。在观察他人的鞋子的时候，我们除了注意其美观大方外，还可以通过它对一个人的习惯进行观察。

始终穿着自己最喜爱的一款鞋子，这一双穿坏了，会再去买另外一双，这样的人思想多是相当独立的。他们知道自己喜欢什么，不喜欢什么，他们很重视自己的感觉，而不会过多地在意他人怎样看。他们做事是比较小心和谨慎的，在经过仔细认真的思考以后，要么不做，要做就会全身心地投入，把它做得很好。他们很重视感情，对自己的亲人、朋友、爱人的感情都是相当忠诚的，不会轻易背叛。

习惯穿没有鞋带的鞋子的人，并没有多少的特别之处，穿着打扮和思想意识都和绝大多数人差不多。但他们很传统和保守，中规中矩，追求整洁，表现欲望不强。

习惯穿细高跟鞋的人，脚在一定程度上是要受些折磨的，但爱美的女性一般不会在意这些。这样的女性，表现欲望都很强，她们希望能引起他人尤其是异性的注意。

第一章

这些习惯暴露了你的弱点

喜欢跟着流行走，穿时髦鞋子的人，有一种观念，那就是只要是流行的，就全部是好的，但没有考虑到自身的条件是否与流行相符合，有点不切合实际。这种人做事时常缺少周全的考虑，所以会顾此失彼。他们对新鲜事物的接受能力比较强，表现欲望和虚荣心也强。

喜欢穿运动鞋的人是一个对生活持积极乐观态度的人，他们为人较为亲切和自然，生活规律性不强，比较随便。

喜欢穿靴子的人，自信心并不是特别强，而靴子却在一定程度上能为他们带来一些自信。另外，他们很有安全意识，懂得在适当的场合和时机将自己很好地掩蔽起来。

喜欢穿拖鞋的人是轻松随意型人的最佳代表，他们只追求自己的感觉和感受，并不会为了别人而轻易地改变自己。他们很会享受生活，绝对不会苛刻自己。

习惯穿远足靴的人，在工作上投入的时间和精力相对要多一些，他们有很强烈的危机感，并且时刻做好了准备，以迎接一些可能突然发生的事情。他们有较强的挑战性和创新意识。敢于冒险，向自己不熟悉的未知领域挺进，并且有较强的自信，相信自己能够成功。

喜欢穿露出脚趾的鞋子，这样的人多是外向型的人，而且思想意识比较先进和前卫，浑身上下充满了朝气和自由的味道。他们乐于与人结交，并且拿得起放得下，为人处世比较洒脱。

习惯穿系鞋带的鞋子的人，性格多是比较矛盾的，他们希望能有人来安排他们的生活，但对于安排好的一切却又思想反抗。为了化解这种矛盾，他们多是在尊重他人为自己所做的安排的同时，又寻找自由的空间，以发展自己，释放自己。

　　如何穿鞋是日常生活中很小的习惯，一般很难引起他人的重视和注意。可穿鞋的习惯有好有坏，不要因为一些不好的习惯而损害了你的形象。

涂鸦也能暴露你的内心

在现实生活中，或许我们每个人都有这样的习惯：在极其无聊的时候，喜欢在一张纸上或是其他物体上随便地涂涂写写。

有心理学家指出，这种无意识地乱涂乱写形成了一定的习惯后，往往能显示出一个人的性格来。因为一个人的内心世界正是通过涂写这个习惯动作显露出来的。比如：

习惯画三角形的人，其理解能力和逻辑思维能力多比较强。在绝大多数的时候能够保持头脑清醒，思路清晰，有很好的判断力和决断力，但缺乏耐性，容易急躁、发脾气。

习惯画圆形的人，办事多有一定的规划和设计，喜欢按照事先的准备行事。他们多有很强的创造力和很丰富的想象力。

喜欢画多层折线的人，其分析能力比较强，而且思维敏捷，反应速度快。

因为单式折线代表内心不安，所以喜欢画单式折线的人在很多时候都处在一种相对紧张的状态之中，情绪不稳定，时好时坏，让人难以捉摸。

习惯画连续性环形图案的人，多能够将心比心，站在别人的立场上为别人着想。他们在大多数情况下都对生活充满了信心，而且适应能力很强，无论什么样的环境都能很快地融入其中。他们对现状感到满足。

习惯在小格子中画上交错混乱线条的人，有一定的恒心和毅力，做什么事情都有一股不达目的誓不罢休的劲头。

习惯画波浪形曲线的人，个性随和，而且富于弹性，适应能力很强，善于自我安慰，遇事愿意往好的方面想。

习惯在一个方格内胡乱涂画不规则线条的人，说明他的情绪低落，心理压力很重，但不会产生悲观厌世的想法，对人生还抱有很大的希望，并会寻找办法，解脱自己，朝积极向上的方向努力。

喜欢画不规则曲线和圆形图形的人，心胸多比较开阔，心态也比较平和，对环境的适应能力很强，但有点玩世不恭。

习惯画不定型但棱角分明图形的人，多竞争意识比较强，争强好胜，总是希望自己能够胜人一筹，而事实上，他们也在不断地为此而努力，并且可以做出巨大的牺牲。

喜欢画尖角的图案或紊乱的平行线的人，表明他的内心总是被愤怒和沮丧充斥着。

习惯在格子中间画人像的人，朋友很多，但敌人也不少。

喜欢写字句的人，多是知识分子，想象力比较丰富，但常生活在想象当中，有点不切合实际。

习惯画眼睛的人，其性格中多疑的成分占了很大的比例。这一类型的人有比较浓厚的怀旧心理。

喜欢涂写对称图形的人，做事多比较小心谨慎，而且遵循一定的计划和规则。

习惯于画有角、两度空间的四方形、三角形、五边形等几何图形的人，他们多具有十分严密的逻辑性，而且是善于思考的。他们的组织能力相当强，但有时也会让人产生错觉，认为他们太过于执着自己的信念。他们对那些想改变自己或否定自己意见、看法的人简直无法容忍。他们在为人处世等方面多少有一些保守，但在面对各种事物时多能够做到胸有成竹，知道自己该做些什么，怎样做。

喜欢画三度空间的正方体、三棱锥体、球体等几何图形的人，他们多比较深沉和稳重，比较现实和实际，性格弹性很大，在大多数时候能够做到收放自如。在面对不同的情况时，他们能够及时地调整自己。他们善于将比较抽象的东西变成具体化、通俗易懂的内容。他们多有很好的经济头脑，是一块做生意的好料子。

习惯画飞机、轮船和火车的人，从所画的图形表面上理解，他们像是旅行爱好者，希望把各旅游景点全部看完，可实际上，他们这是在发泄自己的愤怒和挫折感。他们时常会失去希望而陷入迷茫之中，并且在挫折和困难面前表现得很消极，自信心并不强，对自己也不抱什么希望，而总是把希望寄托在他人身上。

习惯画各种不同面孔的人，多是借画画的过程发泄自己内心的某种情绪。喜欢画一张笑脸的人多是知足常乐者；

皱着眉头的则恰恰相反，可能是永远也不会感到满足；苦瓜脸或是扭曲变形的脸，多代表他们的内心是非常痛苦和混乱不堪的；大眼睛则代表他们的生活态度非常乐观；一脸茫然，用一个平凡的点代表眼睛，或是一条直线代表嘴巴，则表示心里有疏离感。

不断地画同一个图形的人，多有很强的获得欲望。一般来说，这一类型的人的希望变成现实的机会都比较大，因为他们有股不屈不挠的精神，一旦确定了目标，就不会轻易地改变。他们在遭遇挫折的时候可能也会失望，但绝对不会放弃，他们会用最快的速度调整自己的心情，再去争取。他们有野心也有干劲，在什么时候都知道自己在做些什么。

习惯画花草树木以及田园景象的人，多是性情温和而又非常敏感的人。他们对形状和颜色往往具有比其他人都突出的鉴赏力。这一类型的人多在文学、艺术等方面具有相当的才华和成就。他们淡泊名利，与世无争，向往安静平和的生活。

不断地写着自己的名字，练习各种新鲜的字体，这一类型的人自我表现欲望是相当强烈的，可能会为此做出一些让人无法接受的事情来。他们会经常感到迷茫和无助，不知道自己该做些什么。他们不断地重复写自己的名字，是一种潜意识的不断的自我肯定，目的是想克服困扰自己的某种情绪。

无聊的时候，随手涂鸦的习惯虽然很难引起常人的注意，但仔细揣摩，却很容易觉察出其中的奥妙。

第一章
这些习惯暴露了你的弱点

你的桌子上堆放着你的人品

每个人在工作的时候都会有一张办公桌，在这一张桌子上，不但可以折射出一个人的习惯，更可以发现许多的秘密。这些秘密是什么呢？这就是通过办公桌所呈现出来的种种表象，可以观察出一个人的真实内心。

一般来说，不管是办公桌的桌面上，还是抽屉里，各种物品都是整整齐齐的放在该放的位置上，让人看起来有一种相当舒服的感觉，这表明办公桌的主人办事是极有效率的，他们的生活也很有规律，该做什么事情，总会在事先拟订一个计划，这样不至于有措手不及的现象。他们很懂得珍惜时间，能够精打细算地用不同的时间来做更有意义的事情，而不是浪费掉。他们多有一些很高的理想和追求，并且一直在为此而努力。但是他们习惯了依照计划做事，所以，对于一些意料之外发生的事情，常常会令他们感到不知所措。在这一方面，他们的应变能力显得稍微差一些。

在抽屉里习惯放一些具有纪念意义的物品的人，多是比较内向的。他们不太善于交际，所以朋友不多，但仅有的几个却是非常要好的。他们很看重和这些人的感情，所以会分外珍惜。他们有一些怀旧情结，总是希望珍藏下一些美好的回忆。但他们比较脆弱，容易受到伤害，而且做事也缺少足够的恒心和毅力，常常会在挫折和困难面前不战而退。

抽屉和桌面全部是乱七八糟的人，他们待人相当亲切和热情，性格也很随和，做事通常只凭自己的喜好和一时的冲动，三分钟热血过后，可能就会自然而然地放弃。他们缺少深谋远虑的智慧，不会把事情考虑得太周密，也没有什么长远的计划。生活态度虽积极乐观，但太过于随便，不拘于小节，经常是马马虎虎，得过且过，但是他们的适应能力较一般人要强一些。

无论是桌面上还是抽屉里，所有的文件都习惯按照一定的次序和规则码好，整齐而又干净，这一类型的人工作很有条理性，组织能力也很强，办事效率比较高，而且具有较强的责任心，凡事都会小心谨慎，避免失误的发生，态度相当认真。这样的人虽然可以把属于自己的工作做得很好，但是有一点墨守成规，缺乏冒险精神，所以不会有什么开拓和创新。

桌面上收拾得很干净、很整洁，但抽屉内却是乱七八糟，这样的人虽然有足够的智慧，但往往不能脚踏实地地做事，喜欢要一些小聪明，做表面文章。他们的性格大多比较散漫、懒惰，为人处世并不是十分可靠。在表面上看来，他们有比较不错的人际关系，但实际上却没有几个人是可以真正交心的，他们也是很孤独的一群人。

各种文件资料总是习惯这里放一些，那里也放一些，没有一点规则，而且轻重缓急不分，这样的人做起事来大多虎头蛇尾，总也理不出个头绪来。他们的注意力常被一些其他的事情分散，从而无法集中在工作上，自然也很难做出优异的成绩。他们也想改变自己目前的这种状况，但是自我约束能力很差，总是向自我妥协，过后又后悔不迭，可紧接着又会找各种理由来安慰自己。

桌子和抽屉里都像是垃圾堆，找一样东西往往要把所有的东西全部翻个遍，到最后可能还是找不到，这样的人工作能力差，效率也极低，他们的思辨能力非常糟糕，缺乏足够的责任心。

整理杂务是日常生活中最经常、最惹眼的习惯，一个人如果不注重这些习惯的好坏，而听之任之，肯定难以得到他人的好评。

一顿饭就能看出一个人的品行

吃饭是人类日常生活中不可或缺的一项重要内容，人只有吃饭，才能够维持生命的存在。但有的人吃饭是为了活着，还有的人活着只是为吃饭，这是两种截然不同的生活习惯。

习惯站着吃饭的人，并不是特别地讲究吃，他们会尽力讲求简单、方便，既省时又省力，只要能填饱肚子就可以了。他们在生活中，并没有太大的抱负和野心，很容易满足，他们的性格很温和，懂得体贴别人，为人也很慷慨和大方。

习惯边做边吃的人，其生活节奏是很快的，因为有许多事情要做，他们显得比较繁忙，但他们并不以此当作是自己的烦恼，他们甚至还觉得很高兴。

习惯边看书边吃饭的人，是明显的属于为了活着才吃饭的人，他们吃饭只是为了维持身体的需要，如果不吃饭也仍旧可以活着，那么相信他们会放弃这一件既耽误时间又浪费精力的事情。边看书边吃饭的人，他们的时间表总是

第一章
这些习惯暴露了你的弱点

安排得满满的，为了能够做更多的事情，他们不得不想方设法地挤时间。这类人有野心，并且也有具体的计划可以使自己的梦想变成现实。他们拥有积极向上的乐观精神，会把想法付诸实践。

习惯边走边吃东西的人，虽然给人的感觉是来也匆匆去也匆匆，像是时间很紧张的样子，但实际则不一定如此，紧张很有可能是由于他们自己缺少组织性和纪律性而造成的。这样的人多比较易冲动，经常会意气用事，结果把事情搞到不可收拾的地步。

经常有饭局的人，多属于外向型的人，而且人际关系处理得也比较好。这样的人，如果不是有某一方面较突出的才能，具有一定的权力和地位，就是为人比较亲切、和蔼，并深谙人情世故，比较圆滑和老练。

习惯一边看电视一边吃饭的人，多是比较孤独的，电视或许是他们消除内心孤独的最好方式之一。

吃饭速度比较快的人，做任何事情都重视效率，而且也追求速度，他们总是希望在最短的时间内将事情做完做好。结果与过程对他们而言，前者相对的要更重要一些。吃饭喜欢细嚼慢咽的人，与吃饭速度很快的人恰恰相反，他们是属于那种慢性子的人，凡事都能以缓慢而又悠然的方式来做，这从一个侧面也说明了他们是懂得享受的人。

习惯于自己带饭盒来解决吃饭问题的人，是相对较传统、节俭的人，他们会遵从于自己的某些想法和做法，而不受外界的干扰就轻易地改变。

习惯在外边吃饭把剩余的饭菜带回家，说明这是一个非常节俭的人，不会轻易地浪费任何东西，同时他们也是缺乏安全感的人，总觉得自己在不断地受人剥削，但实际情况并不是如此。

喜欢在餐厅里吃饭的人，多是比较懒惰而又好享受的，毕竟在餐厅里有人侍候，而不用自己动手，但这样一个前提则是在经济条件允许的情况下。如果经济条件不允许还这样做，就显得十分不恰当了。这样的人不善于照顾自己，但他们希望他人能够体会到自己的这种心情，然后来关心和照顾自己。他们不太轻易地付出，往往会在他人付出以后自己才行动。

经常在家里吃饭的人，在一定程度上表明他们对家庭是相当重视的，具有一定的责任心。他们不太热衷于被人照顾和侍候，这样有时反倒会让他们感觉不自在，他们更倾向于自己动手。

吃饭时定时定量，说明这是一个生活十分有规律的人，而这些规律如果没有特别意外的事情发生，是不会轻易改变的。他们的生活虽然很有规律，但并不意味着为人处世呆板教条，相反却可能很灵活。只是无论在什么时候，都具有一定的原则性。

总是要求别人给自己东西吃，这样的人依赖性一般来说是很强的，他们总是不能很好地安排自己的一切，但又有些贪图享受，而且还希望这种欲望得到满足。他们情愿别人永远把自己当成孩子一样地宠着。他们的责任心并不是

· 35 ·

很强。

没有吃早餐习惯的人，一般可以分两种情况来讲：一种是生活时间表安排得太满了，忙得没有时间吃早餐，这样的人多是有很强的事业心和责任心，能够为了更有意义的事情而放弃一些在他们看来并不是十分重要的事情。还有一种就是吃早餐的时间已经到了，可他们还没有从床上爬起来的人，这又分两种情况，一种是前一夜工作得太晚太累了，另外一种是整天无所事事，企图在床上来耗时间。

只习惯于吃晚饭的人，多是能够严格要求自己，会给自己制定一个目标，鼓励自己朝着那一方面努力，并告诉自己达到什么样的程度可以得到什么样的奖励，以便更好地进行工作、学习或是生活的人。

整天吃东西的人，多是无所事事、闲着无聊的人。其实他们并不饿，只是靠不断地吃东西来使自己活动起来，消除内心的烦躁和焦虑。

吃饭的规律既是日积月累形成的，也是性格和习惯的外露。为了你的健康，为了你的形象，一定要养成良好的吃饭习惯。

有车不够，还要有个好习惯

一个人控制汽车的习惯和控制自己的习惯，有许多相似之处。如果把车子视为一个人肢体的延伸，那么开车的方式，就是肢体语言的机械化身。一个人在方向盘上的举动，反映出他对每天社交遭遇的心情与态度。

一个从来不开车的人其自主意识很淡薄，他们的依赖性比较强，缺乏足够的安全感，时常会陷入一种孤独、无助的境况里。他们多有较强的自卑感，时常进行自我否定，习惯于被人领导，而不是领导他人。他们缺乏积极的冒险精神，乐于跟在他人后边做事，这样可以逃避许多责任，出了差错，自己也不会有太大的损失。他们很在乎别人对自己的评价，这几乎可以控制着他们的一举一动，一言一行。

习惯按规定速度开车的人，车对他们而言只是一种代步工具，他们开车的目的并不是寻找某种刺激，所以他们能够心态平和地以正常的速度开车。这一类型的人比较传统和保守，他们在为人处世中大多采取中庸的态度，即使有很大的胜算，也不会冒险。他们遵纪守法，从来不做出格的事。他们为人诚实可信，不马马虎虎，所以会与他人建立良好的人际关系。

习惯驾车速度比规定速度低很多的人，他们最突出的一个性格特征就是胆小怕事，对于这一点，他们自己感到很苦恼，而亲戚朋友对此也极度失望。在通常情况下，这一类型的人的嫉妒心也是很强烈的，他们嫉妒或是嫉恨那些超越自己的人。他们想奋起直追，可又常常跨不出自我的樊篱。同时，他们缺乏足够的自信，总是觉得什么也把握不住。他们在渴望的同时又在极力避免任何东西放在自己的手里，一旦有某些东西，诸如权力和金钱等掌握在自己手里，他们就会将其威力减弱到最低程度。

喜欢超速行驶的人，自主意识比较强，他们讨厌任何一个人为自己立下一定的规矩，并且也不允许有人这样做，如果有人强行要做的话，他们可能就会采取相当极端甚至是非常危险的方式来进行阻止，以维护自己。他们对生活的态度是积极、乐观和向上的。他们对名利看得相当淡泊，只是随心所欲，自己活得快乐就好。从某种程度来说，他们对金钱和权势是憎恶的。

由他人驾车，自己习惯于坐在后座上的人，一般来讲，他们的取胜欲望是相当强烈的，从来不愿意输给他人。他人的成就对他们来说是一种威胁，他们害怕自己会失败，所以会严格要求自己成功。正是在这种激励之下，他们才会不断地前进。他们的自信心很强，而且有良好的自我感觉，并不断地寻找机会以证明自己的重要性。他们希望他人对自己有强烈的依赖性，凡事都来征求一下自己的意见。

遇到红灯或是堵车等情况，习惯用力地按喇叭，这一类型的人，大多是外向型的，脾气暴躁、易怒，在现实生活中，遇到不如意的事情他们会经常尖叫、大喊、发脾气。他们随机应变的能力并不是很强，尤其是在挫折和困难面前，往往不知所措。他们自信心不强，周围人对他们而言常常是巨大的威胁。他们很少有心平气和的时候，总是显得焦虑和不安，而这种情绪的产生可能并没有什么原因或是理由。他们做事效率低，自身的能力也不突出，看不到他们有什么样的成就，但却总是显得匆匆忙忙的。

不习惯换挡的人，他们多不希望自己的一切都被他人安排得好好的，他们更热衷于自己独立去探索一条完全属于自己的道路来走，哪怕这条路上到处坎坷不平，他们也毫不在乎。他们不会轻易地向别人请教，而是喜欢凭自己的感觉做事，与此相反，他们会习惯给别人一些指教。他们具有一定的责任心，对任何一件事情都能够尽职尽责。

只要绿灯一亮，就习惯抢行的人，头脑多比较灵活，反应比较敏捷，随机应变的能力强。他们习惯于凡事抢先一步行动，这从某种程度上讲为他们的成功创造了许多的机会。他们对成功的渴望往往要比其他人更强烈一些，他们有较强的竞争意识，生活态度也比较积极，但由于经验不足，也会时常跌倒。

等到绿灯亮了以后，最后一个发动车子的人，在他们的性格中，冷静、沉稳的成分比较多。他们在为人处事等方面比较小心和谨慎，总是要等到具有一定的把握以后才会行动。他们追求的最终目的是安全有保障，给自己带来的损失越小越好。他们为了保护自己，很懂得收敛，从来不会表现得锋芒毕露，这样可以避免被人拒绝或是被人伤害。

开车形成的习惯也许漫不经心，不值一提。但是，开车的习惯却关系自己与他人的生命安全，绝不可等闲视之，让坏习惯葬送了你一生。

习惯微笑的人运气都不会太差

在日常生活中，笑是我们每个人都有的表情。但笑的习惯却千差万别。

比如，捧腹大笑的多是心胸开阔的人，当别人取得成就以后，他们有的可能只是真心的祝愿，而很少产生嫉妒的心理。在别人犯了错以后，他们也会给予最大限度的宽容和谅解。他们比较有幽默感，总是能够让周围人感受到他们所带来的快乐，同时他们还极富有爱心和同情心，在自己能力许可范围内，对他人会给予适当的帮助。他们不势利眼、嫌贫爱富、欺软怕硬，比较正直。

习惯悄悄微笑的人，除了性格比较内向、害羞以外，还有一种性格特征就是他们的心思非常缜密，而且头脑异常冷静，在什么时候都能让自己跳出所在的圈子，作为一个局外人来冷眼观察事情的发生、进展情况，这样可以更有利于自己做出各种决定。他们很善于隐藏自己，轻易不会将内心真实的想法透露给别人。

平时看起来沉默少语，而且显得有些木讷，但笑起来却一发而不可收，或者经常放声狂笑，直到连站都站不稳了，这样的人是最适合做朋友的。他们虽然在与陌生人的交往中显得不够热情和亲切，甚至有些让人难以接近，但一旦与人真正交往，他们通常都是十分看重友情的，并且在一定的时候能够为朋友做出牺牲。

笑的幅度非常大，全身都在打晃，这样的人性格多是很直率和真诚的。和他们做朋友是不错的选择，因为当朋友有了缺点和错误以后，他们往往能够直言不讳地指出来，而不会为了不得罪人而视而不见。他们不吝啬，在自己能力许可范围内对他人的需要总是会给予帮助。基于这些，在自己遇到困难的时候，也会得到来自他人的关心和帮助。他们会使大家喜欢自己，能够营造出良好的社际关系。

习惯小心翼翼地偷着笑的人，他们大多是内向型的人，性格中传统、保守的成分占了很多，与此同时，他们在为人处世时又会显得有些腼腆，但是他们对他人的要求往往很高，如果达不到要求，常常会影响自己的心情，不过他们和朋友却是可以患难与共的。

看到别人笑，自己就会随之笑起来，这样的人多是乐观而又开朗的，情绪化比较强，而且富有一定的同情心。他们对生活的态度是很积极的。

笑的时候习惯用双手遮住嘴巴，表明这是一个相当害羞的人，他们的性格大多比较内向，而且很温柔。但他们一般不会轻易地向他人吐露自己内心的真实想法，包括亲朋好友。

开怀大笑，笑声非常爽朗的人，多是坦率、真诚而又热情的。他们是行动派的人，一件事情决定要做，马上就会付诸行动，非常果断和迅速，绝对不会拖泥带水。这一类型的人，虽然表面上看起来很坚强，但他们的内心在一定程度上却是极其脆弱的。

笑起来断断续续，笑声让人听起来很不舒服的人，其性情大多是比较冷淡和漠然的。他们比较现实和实际，自己不会轻易地付出什么。他们的观察力在很多时候是相当敏锐的，能观察到他人心里在想些什么，然后投其所好，待机行事。

笑声尖锐刺耳的人，其多具有一定的冒险精神，且精力比较充沛。他们的感情比较细腻和丰富，生活态度积极乐观，为人比较忠诚和可靠。

习惯微笑，但并不发出声音，这多是内向而且敏感的人，他们的性情比较低沉和抑郁，情绪化比较强，而且极易受他人的感染。他们有浪漫主义的倾向，并且会一直寻找一些可以制造浪漫的机会，为此可能会做出一定的牺牲。他们的性情比较温柔、亲切，能够给人一种很舒服的感觉，所以与人相处起来会显得比较容易。

笑起来声音柔和而又平淡，这样的人性格比较沉着和稳重，在大是大非面前多能够保持头脑的清醒和冷静。他们比较明事理，凡事能够多站在他人的立场上为他人考虑，善于化解矛盾和纠纷。

笑起来发出"吃吃"的声音的人，多是能够严格要求自己的。他们的想象力比较丰富，创造性也很强，常常会有一些惊人的举动。而且他们很有幽默感，这是聪明和智慧的一种自然流露。

在不同的场合，习惯发出不同的笑声，不但可以产生不同的感受，更能看出一个人的心性来。

笑的习惯虽然有好有坏，但笑的习惯却不是一时半刻所形成的。要想改变不好的笑的习惯，非多方努力，增强修养不可。

买单的时候最见人心

在生活中，有很多事情是需要进行付款才能得到解决的，那么采用什么样的付款方式，这在很大程度上是很有学问的。

习惯亲自付款的人，他们大多比较传统和保守，对新鲜事物的接受能力比较差，而偏重于循规蹈矩，守着一些过时的东西，缺乏冒险精神。他们缺乏安全感，有自卑心理，但又极希望获得他人的肯定和认同。凡事他们只有亲自参与，才会觉得有所保障。

习惯能拖多久就拖多久，这一类型的人多有占便宜的心理，比较自私，缺乏公平的观念，总是想着自己少付出或是不付出就得到尽可能多的回报。他们在一般情况下不会轻易地去关心和帮助别人，对人虽不算太冷淡，但也算不上热情。

习惯把付款的任务推给别人，这一类型的人常无法坚持自己的原则和立场，而习惯于服从和听命于他人，被他人领导。他们的责任心并不强，常会找理由和借口为自己进行开脱，在挫折和困难面前，会胆怯、退缩。

习惯收到账单以后就立即付款的人，多有魄力，凡事说到做到，拿得起放得下，当机立断，从来不拖泥带水。他们的个性独立，为人真诚坦率，无论哪一方面，从来不希望自己欠他人的，倒是可以接受他人欠自己的。

习惯采用电话付费服务的人，对新鲜事物容易接受，并懂得利用它们为自己服务，但由于对某些东西的依赖性太强，常常会使他们丧失一些主动权，而受控于人。除此以外，他们对人有很强的信任感。

付款方式是长期形成的。在社交中，运用付款方式时，要根据具体情况具体运用，切不可当断不断，反受其乱。

第二章

有这些习惯，
你的心态怎么好得了

怨天尤人是精神的毒药

一个经常失败而又不知道从哪里爬起来的人，在寻找失败的借口和原因时，往往习惯于责备社会、制度、人生，抱怨运气不好。对于别人的成功与幸福，总是愤愤不平。因为他认为，这些都足以说明生活使他受到不公平的待遇。

愤愤不平是企图用所谓不公正、不公平的现象来为自己的失败辩护，使自己感到好过一些。可实际上，作为对失败者的安慰，怨恨是非常不可取的办法，比生病还糟。怨恨是精神的烈性毒药，它抑制快乐的产生，并且使成功的力量逐渐消耗殆尽，最后形成恶性循环。自己并没有多大本领而又非常怨恨别人的人，几乎不可能和同事相处得好。对于由此而来的同事对他的不够尊重或者领导对他工作不当的指责，都会使他加倍地感到愤愤不平。

怨恨是使自己觉得自己重要的一种习惯。很多人以"别人对不起我"的感觉来达到异常的满足。从道德上来说，不公正的受害者和那些受到不公正待遇的人，似乎比那些造成不公正的人要高明。

心怀怨恨的人，是想在人生的法庭上证明他的案子，如果他有怨恨之感就证明生活对他不公平，而有一些神奇的力量将会澄清那些使他产生怨恨的事情，使他得到补偿。从这个意义上来说，怨恨是对已发生之事的一种心理反抗或排斥。

怨恨的结果是塑造劣等的自我意象。就算怨恨是真正的不公正与错误，它也不是解决问题的好方法，因为它很快就会转变成一种习惯情绪。一个人习惯于觉得自己是不公平的受害者时，就会定位于受害者的角色上，并可能随时寻找外在的借口，即使对最无心的话在最不确定的情况中，他也能很轻易地看到不公平的证据。

习惯性的怨恨一定会带来自怜，而自怜又是最坏的情绪习惯。这个习惯已根深蒂固，如果离开了这个习惯，就会觉得不对劲、不自然，而必须开始去寻找新的不公正的证据。有人说这类人只有在苦恼中才会感到适应，这种怨恨和自怜的情绪习惯，会把自己想象成一个不快乐的可怜虫或者牺牲者。

产生怨恨的真正原因是自己的情绪反应。因此，只有自己才有力量克服它，如果你能理解并且深信怨恨与自怜不是使人成功与幸福的方法，你便可以控制住这种习惯。

一个人有怨恨之心，他就不可能把自己想象成自立、自强的人，他就不可能成为自己灵魂的船长、命运的主人。怨恨的人把自己的命运交给别人，把自己的感受和行动交给别人支配，他像乞丐一样依赖别人。若是有人给他快乐

第二章

有这些习惯，你的心态怎么好得了

他也会觉得怨恨，因为对方不是照他希望的方式给的；若是有人永远感激他，而且这种感激是出于欣赏他或承认他的价值，他还会觉得怨恨，因为别人欠他的这些感激的债并没有完全偿还；若是生活不如意，他更会觉得怨恨，因为他觉得生活欠他的太多。

你这么懒，一定还没改掉依赖吧

在日常生活中，我们有些人过于计较别人的赞同或反对。期待别人的承认、获得别人的赞同、乐于得到表扬，这本是人之常情。但如果你不能正确地看待别人的反对意见，在你通往成功的路上必然会布满荆棘。当然，为了更好地在这个世界上前进而去寻求别人的赞同，是有益于健康并令人愉快的。但如果你不断地试图取悦于人，那么你将失去自己的个性；如果你过于依赖赞同，那么，你无异于将自己交给了那个期望得到赞同的人，让自己受到别人的支配；如果你把别人的意见或者信念看得比自己更重要，其结果也会同上述一样。你让别人来支配你，使自己陷入被动的境地。

在这一点上，你应该记住，我们所有的人，自从童年时起便养成了这种习惯。还在蹒跚学步的阶段，我们便被训练着对寻求赞同的信号作出反应。一个年幼的孩子，几乎他做的每一件事，都必须得到父母的允许。"好的"这一简明的告诫，无非是意味着："照我告诉你的那样去做。"

这种方法的结果是，我们绝大多数人被养成了过于依赖别人的习惯，成了遵从者而不是决策人。

不用说，一个社会如果没有道德和社会的准则——没有社会的约束力，这个社会就不可能存在下去。很明显，我们都必须遵循这一种或那一种生活方式。如果你听任别人把一种与你的个性及信念不相容的思维方式和习惯强加给自己，一味遵循并总是追求赞同的话，将会危及你的成功。我们都应该认为自己能够做出决定，把自己看成一个并不过于依赖别人赞同的人。

下面是几则检验依赖习惯的提问，对照这些问题，你将认识到自己是否真正地摆脱了对赞同的依赖，是否真正摆脱了操纵。

1. 你把自己的感情责任交付给别人吗？

如果某人不赞成你，你感到沮丧吗？

如果某人不注意你或你的成绩，你感到愤怒吗？

如果某人不同意你的意见，你感到有威胁吗？

2. 你经常在不要求道歉的时候道歉吗？

当你在加油站问路时，你用"很抱歉，哪里是……"这类话开头吗？

在一次谈话或者会议上，你喜欢用类似下面的开场白吗？如："当然，我没有权力对这件事或那件事做出决断""当然，我不愿引起任何人的不安""我确实不应当说这些，但是……"

3. 你倾向于让别人显得比你自己更重要吗？

你很容易接受一个好斗的买卖人的恫吓而买下你并不真正喜欢的东西吗？

你容易被人说服去承担自己并不喜欢的工作或责任吗？

你认为让自己付出代价而让别人获得幸福是自己的责任吗？

4. 你允许别人贬低你和你的努力吗？

"哼，他正在四处宣扬他将取得硕士学位！"

"她的愿望永远不会实现，让她去做梦吧！"

"你们演员都是同样的，表演太过分。"（如果一味迁就，这种嘲弄将会没完没了）

对上列问题进行思索后，请想想韦恩·戴尔博士针对那些为了寻求别人的赞同而神经过敏，并自拆台脚的人所说的话：只要别人是认真负责的，而你自己又不可能改变性格，你就不必冒任何风险。因此，把寻求别人的赞同作为自己的一种生活方式，将有助于你在自己的一生中安安稳稳地避免任何冒险行动，强化你头脑中那种别人必须照料你的习惯，从而使你回到自己被人怀抱、保护和指使的孩提时代。

一旦你决心克服掉自拆台脚以寻求别人赞同的习惯，你就应当从一些简单的调整开始，逐步改变自己的习惯。

（1）写下白天里你是怎样经常用"对不起"作为话语的开头。

（2）写下白天里你是怎样经常地用"我对吗"或"你同意吗"作为谈话的结尾。

（3）避免参考任何他人的意见来为自己辩护。

（4）承认如下事实：你不可能在任何时候使每一个人都学会在非难中生活。

（5）学会依靠自己作出判断。例如，在买衣物的时候、选择家具的时候或者在对一些重要问题做决定的时候。

居安思危可不是没事找事

在动物界，狼是一种非常聪明的动物。如果让单个狗与单个的狼搏斗，败的肯定是狗。虽然狗与狼是近亲，它们的体型也难分伯仲，但为什么败的总是狗呢？经人类长期豢养的狗，因为不面临生存的危机，其脑容量大大小于狼；而生长在野外的狼，为了生存，它们的大脑被很好地开发，不但有良好的创造性，而且有着异常的生存智慧。

其实，动物如此，人类又何尝不是这样呢？

克罗克是美国颇负盛名的麦克唐纳公司的老总。有一段时间，公司出现严重亏损。克罗克发现其中一个重要原因就是公司各职能部门经理总是习惯于靠在舒适的椅背上指手画脚，把许多宝贵时间耗费在抽烟和闲聊上。于是，他派人将所有经理的椅背都锯掉了，逼他们离开了舒适的椅子。开始，经理们不解、不满。不久，他们悟出了克罗克的良苦用心，于是纷纷深入基层实地调查、处理问题。

他们用行动影响并带动了全体员工，公司短期内就扭亏为盈。

椅背锯掉了，惰性的温床便不复存在，人的活力与创造力被激发，公司效益随即扶摇直上。这一良性循环的规律同样也适用于其他领域，尤其是人生奋斗的过程中。

　　商界巨子唐纳·里普出身纽约一个富贵家庭，年轻时他充满幻想，大学毕业后进入父亲的公司，凭着超人的天赋，他在公司干得很出色。27岁时，他接管了公司的业务，并开始涉足美国房地产业，短短几年时间，他跑遍了全美的房地产市场，对美国房地产所有的经营规则和庞大的关系网了如指掌。此后，他与美国最大的建筑商伯哈特公司合作，在纽约的黄金大道上矗立起威震全美的曼哈顿大厦。由此，唐纳·里普踌躇满志，他开始把目光投向更远，他需要一座巨大无比的、真正的城堡，以此来铭记和镌刻他那传奇般的经历与荣耀。机会真的降临了。

　　1985年3月，当美国赌博管理委员会解除了希尔顿酒店的赌博牌照时，唐纳·里普忽然意识到这可能是一个机会。当时，赌场在美国是一个具有垄断意味的行业，几乎全美各州都实行严格控制。而开设和经营赌场，又被世界普遍认为是房地产业的深度开发，也是房地产业的又一发展方向。唐纳即刻进军大西洋城，把希尔顿赌场大酒店接收下来。此后，唐纳又斥资5000万美元购买了假日酒店的赌场产权，并命名为"唐纳·里普广场"。在唐纳购买了最大最豪华的"泰姬玛哈"赌场后，他开始不思进取，沉迷于享乐之中，而且他干脆把管理权交给了弟弟罗伯特，而罗伯特对赌博业却一窍不通。这一致命的错误决定为其衰败埋下了种子。罗伯特常常为一些小事与客户争执不下，因此伤了许多客户的心。

后来，唐纳苦心经营，多年拼搏创立的赌业神话开始破灭。辉煌一时的"泰姬玛哈"赌场收益迅速下滑，唐纳手足无措，竟然拆东墙补西墙，将"唐纳"广场一些最好的客户引到"泰姬玛哈"来，以图挽救这个庞然大物，结果使尚有生机的"唐纳"广场也由此衰败。

唐纳的故事告诉我们，人皆有惰性，一旦条件优越，就难免不思进取。然而，一个人要想在异常激烈的社会竞争中不被淘汰，还是有一点生存危机的好，这样就可以未雨绸缪，主动出击，多一点生存的技能与智慧，对未来就多几分机会与把握。

数十年前，高中毕业下乡插队的张女士，顶替父职到某企业工作，先后做过工人、车间调度、总公司办公室收发兼档案管理，饱经风霜的她任劳任怨。可近年来企业经营不景气，单位不断进行机构改革与调整。此时此刻，她猛然意识到自己年龄大、学历低，又无专长，绝对不是不可缺少的人，下岗的忧患时刻威胁着自己。她思虑再三，决心在短期内掌握一技之长。

张女士平常在工作中帮打字员校对文稿，发现打字员不仅打字速度慢，而且错漏百出，校对后还要耗时修改，工作效率很低，公司里的几位老总都对其不满。看来，换人是迟早的事。

于是，张女士利用空闲时间苦练电脑打字技术。这对40多岁的女士来说确实不容易。经过大半年时间的刻苦学习，她的电脑录入速度提高到每分钟50字，而且准确率相当高，几乎可以免除校对了。而且排版美观大方、文字摆放疏密有致，令人赞不绝口。

不久，一位档案管理专业大学毕业生接替了她的工作，她则被聘为办公室打字员。而那位比她年轻十多岁的前任则无可奈何地下了岗。

由此可见，想在这个社会上赢得一席之地，就必须要养成居安思危的习惯。如果做一份什么人都可以做的工作，而又不思进取，那么说不定什么时候就被人淘汰了。

一点小挫折你就怕了吗？

克服困难的一个重要步骤是学会真正思考，认真积极地思考。任何失败、任何问题均能通过积极向上的思想来解决。

有一个男孩在报上看到招聘启事，正好是适合他的工作。第二天早上，当他准时前往招聘地点时，发现应聘队伍已排了20个男孩。

如果换成另一个意志薄弱、不太聪明的男孩，可能会因此而打退堂鼓。但是这个小伙子却完全不一样。他认为自己应该动动脑筋，运用自身的智慧想办法解决困难。他不往消极面思考，而是认真用脑子去想，看看是否有办法解决。

他拿出一张纸，写了几行字，然后走出行列，并要求后面的男孩为他保留位子。他走到负责招聘的女秘书面前，很有礼貌地说："小姐，请你把这张纸交给老板，这件事很重要。谢谢你！"

这位秘书对他的印象很深刻。因为他看起来神情愉悦,文质彬彬,有一股强烈的吸引力,令人难以忘记。所以,她将这张纸交给了老板。

老板打开纸条,见上面写着这样一句话:

"先生,我是排在第 21 号的男孩。请不要在见到我之前做出任何决定。"

你想他得到这份工作了吗?你认为呢?像他这样会思考的男孩无论到什么地方一定会有所作为。虽然他年纪很轻,但是他知道如何去想。他已经有能力在短时间内抓住问题核心,然后全力解决它,并尽力做好。

实际上,人的一生中会遇到很多诸如此类的问题。在遇到困难时,你应把自己当成强者,并把困难当作机遇,在心里把自己当成冠军。

几乎没有人考虑过自己在诞生之时就赢得了许多竞争。遗传进化学家设菲尔德说:

停下来考虑你自己的事吧。在整个世界史中,没有任何别的人会跟你一模一样。在将要到来的全部无限的时间中,也绝不会有像你一样的另一个人。

你是一个很特殊的人。为了生下你,许多斗争发生了,这些斗争又必须以成功告终。想想这样一幅伟大的情景吧:

数以亿计的精细胞参加了巨大的战斗,然而其中只有一个赢得了胜利——就是构成你的那一个!这是为了达到一个目标而进行的一次大规模的赛跑:这个目标就是包含一个微核的宝贵的卵。这个为精虫所争夺的目标比针尖还要小,而每个精虫也是小得要被放大到几千倍才能为肉眼所见。然而，你的生命的最决定性的战斗就是在这么微小的场合里进行并最终获得胜利的。

人最重要的生命已经开始，你生下来就成了一名冠军，这种情况你以后必定还要面临的。为了实现目的，你已从过去巨大的积蓄中继承了你所需要的一切潜在的力量和能力，以便达到你的目的。

你生来便是一名冠军，现在无论有什么障碍和困难横亘在你的道路上，它们都不及你在成胎时所克服的障碍和困难的十分之一那么大！

伊尔文·本·库柏是美国最受尊敬的法官之一，但这个形象与库柏年轻时自卑的形象大相径庭。

库柏在密苏里州圣约瑟夫城一个准贫民窟里长大。他的父亲是一个移民，以裁缝为生，收入微薄。为了家里取暖，库柏常常拿着一个煤桶，到附近的铁路去拾煤块。库柏为必须这样做而感到困窘。他常常从后街溜出溜进，以免被放学的孩子们看见。

但是，那些孩子时常看见他。特别是有一伙孩子常埋伏在库柏从铁路回家的路上，袭击他，以此取乐。他们常把他的煤渣撒遍街上，使他回家时一直流着眼泪。这样，库柏总是生活于或多或少的恐惧和自卑的状态中。

后来，库柏读到了一本书。这本书是荷拉修·

阿尔杰著的《罗伯特的奋斗》。

在这本书里，库柏读到了一个像他那样的少年奋斗的故事。那个少年遭遇了巨大的不幸，但是他以勇气和道德的力量战胜了这些不幸，库柏也希望具有这种勇气和力量。

库柏读了他所能借到的每一本荷拉修的书。当他读书的时候，他就进入了主人公的角色。整个冬天他都坐在寒冷的厨房里阅读勇敢和成功的故事，不知不觉地养成了积极向上的习惯。

在库柏读了第一本荷拉修的书之后几个月，他又到铁路去捡煤。隔开一段距离，他看见三个人影在一个房子的后面飞奔。他最初的想法是转身就跑，但很快他记起了他所钦佩的书中主人公的勇敢精神，于是他把煤桶握得更紧，一直向前大步走去，犹如他是荷拉修书中的一名英雄。

这是一场恶战。三个男孩一起冲向库柏。库柏丢开铁桶，坚强地挥动双臂，进行抵抗，使得这三个恃强凌弱的孩子大吃一惊。库柏的右手猛击到一个孩子的鼻子上，左手猛击到这个孩子的胃部。这个孩子立即停止了进攻，转身溜掉了，这也使库柏大吃一惊。同时，另外两个孩子正在对他进行拳打脚踢。库柏设法推走了一个孩子，把另一个打倒，用膝部猛击他，而且发疯似的连击他的胃部和下颚。现在只剩下一个孩子了，他是领袖。他突然袭击库柏的头部。库柏设法站稳脚跟，把他拖到一边。这两个孩子站着，相互凝视了一会儿。

然后，这个领袖一点一点地向后退，也跑了。库柏拾起一块煤，投向那个退却者，这是在表示他正义的愤慨。

直到那时库柏才知道他的鼻子在流血，由于受到拳打脚踢，他的全身已变得青一块紫一块了。这是值得的啊！在库柏的一生中，这一天是一个重大的日子。那时他克服了恐惧。

库柏并不比一年前强壮了多少，攻击他的人也并不是不如以前那样强壮。前后不同的地方在于库柏自身的心态。他已经不顾恐惧，面对危险决定不再听凭那些恃强凌弱者的摆布。从现在起，他要改变他的世界了，他后来也的确是这样做的。

库柏给自己定下了一种习惯。当他在街上痛打那三个恃强凌弱者的时候，他并不是作为受惊骇的、营养不良的库柏在战斗，而是作为荷拉修书中的人物罗伯特·卡佛代尔那样的大胆而勇敢的英雄在战斗。

可见，把自己视为一个成功的形象，有助于打破自我怀疑和自我失败的习惯，这种习惯是消极的心态经过若干年在一种性格内逐渐形成的。另一个同等重要的、能帮助你改变你世界的成功技巧是：把困难视作机遇。

那么消极还敢说自己心态好？

一件事对于不知事实或缺乏实际知识的人来说，似乎是合乎逻辑的；对于知道事实或具有实际知识的人来说，就可能是不合逻辑的了。当你在做决定的时候，如果你不肯保持开阔的心胸，不肯学习真理，那就是愚昧无知。消极的行为会在愚昧无知的基础上不断地生长。

办事积极的人可能不知道事实，也缺乏实际知识。他可以不了解情况，然而他认识基本的前提——真理就是真理。因此，他就力图保持开阔的心胸，努力学习。他必须把他的结论的基石奠基在他所知道的事情上，并且准备在他认识更多的事实时，才改变这些结论。

现在让我们再审视一下我们习惯中的蛛网，这些似乎还存留在你的脑中：

（1）消极的感情、情绪、激情、习惯、信条和偏见。

（2）只看到别人眼中的"横梁"。

（3）由于语义上的误解所产生的争论和矛盾。

（4）由于虚假的前提而得出的虚假结论。

（5）把概括一切的限制性的词或词组作为基本或次要的前提。

（6）"需要"有可能迫使人做出不诚实的想法。

（7）不清洁的思想和习惯。

（8）担心应用心理的力量。

这样，你就可看到蛛网有许多种——有些是细小的，有些是巨大的，有些是脆弱的，有些是结实的。然而，如果你把你自己的蛛网再列一张表，然后仔细检查每个蛛网的各条蛛丝，你就会发现它们都是由消极的习惯织成的。

你考虑一会儿，然后你会发现由消极的习惯所织成的最强有力的蛛网就是惰性蛛网。惰性会使你无所作为；如果你转向错误的方向，它就会使你不去抵抗或不思进取，你就会继续向下滑去。

积极的人最阳光

著名精神病专家维克多·弗兰克尔在研究人的本性的基本原理时认为，在任何环境下取得卓越成就的一个人的第一个也是最基本的习惯是"积极主动"。

"积极主动"这个词在关于管理的理论书籍中十分常见。这个词的意思不仅仅是采取主动，它还有一种更深一层的意思——作为人类，我们应对自己的生活负责。我们的行为是我们自己决定的，不是条件支配的。我们能使感情服从于价值，我们做任何事情时应该具有主动性和责任心。

凡是积极主动的人都十分熟悉"责任心"这个词。他们并不把自己的行为归因于环境、条件或条件反射。他们的行为是他们根据价值而进行有意识选择的产物，而不是受条件支配的产物。

由于我们人类生性积极主动，如果我们的生活依靠条件反射和周围环境的作用，那是因为我们根据有意识或无意识的决定选择使这些情况支配我们。

在做出这种选择时，我们变得消极被动。消极被动的人常常受到自然环境的影响。如果天气很好，他们就感到愉快；如果天气不好，那就影响他们的态度和行为。而积极主动的人则能掌握他们自己的"天气"。不管下雨还是出太阳，对他们都毫无影响。

消极被动的人容易受到社会环境和"社会气候"的影响。当人们对他们表现得十分友好时，他们感觉良好，当人们对他们不好时，他们变得处处提防。消极被动的人总是根据别人的行为来确定他们的感情生活，使别人的缺点支配他们。积极主动的人具有一种使冲动服从于价值的能力。

消极被动的人受感情、境况、条件的驱使，受他们的环境的驱使。积极主动的人受价值的驱使——精心考虑、挑选并使之内在化的价值。

当然，积极主动的人也会受到外来刺激的影响，这些影响有自然的、社会的和心理方面的。但是，他们对刺激的反应，不管是有意识的还是无意识的，都是根据价值做出的选择或反应。

正如埃莉诺·罗斯福所说："没有一个人能不经你同意就伤害你。"印度著名的政治家甘地也说过："如果我们不把自己的自尊给他们，他们是夺不走我们的自尊的。"我们有些人说是心甘情愿地容忍我们的遭遇，我们总是认同我们的遭遇对自己造成的伤害，而且这种伤害远远超过我们最初的遭遇。

其实并不是我们的遭遇在伤害我们，而是我们对自己的遭遇所作的反应在伤害我们。当然，有些事情确实会使我们在身体或经济上受到伤害和损失，会引起悲痛。但是，我们的习惯、我们的基本特性并不一定受到任何伤害，我们所经受的最困难的经历是一个大熔炉，它能够锻炼我们的意志，培养我们的性格，发展我们的内在能力。

我们经常可以看到有些人处于十分困难的境况，他们也许病入膏肓，也许身体严重残缺，但他们却保持惊人的精神和毅力，他们体现和表达出了一种激励生活、鼓舞生活和使生活崇高的价值，这种意识可以给别人留下最强烈、最持久和不可磨灭的印象。为此，维克托·弗兰克尔提出，人的一生中有三种中心价值：

（1）经验价值，即我们每天所发生的情况；

（2）创造价值，即我们使之产生的情况；

（3）态度价值，即我们在诸如病入膏肓之类的困难境况下做出的反应。

在这三种价值中，最高的价值应该是态度价值，不管是按照模式还是按照重新组织的意义。换言之，最为重要的是，我们如何对生活中经历到的事情作出反应。

生活中的困境往往引起人们习惯和行为模式的改变，使人产生新的习惯，人们根据这些习惯观察世界，并从中观察自己和别人，了解生活向他们提出的要求。

没有快乐的心态不叫好心态

心理学家 M. N. 加贝尔博士说："快乐纯粹是内在的，它不是由于客体，而是由于观念、思想和态度而产生的。不论环境如何，个人的活动能够发展和指导这些观念、思想和态度。"除了圣人之外，没有一个人能随时感到100％的快乐。正如 G. 肖伯纳所讽刺的那样，如果我们觉得不幸，可能会永远不幸。但是，我们可以凭借动脑筋和下决心来利用大部分时间想一些愉快的事，应付日常生活中使我们不痛快的琐碎小事和环境，从而使我们得到快乐。我们对小事的烦恼、挫折、牢骚、不满、懊悔、不安的反应，在很大程度上纯粹出于习惯。我们做这种反应已经"练习"了很长时间，也就成了一种习惯性反应。这种习惯性的不快乐反应大多起因于我们自以为有损于自尊心的某种事情。一个司机无缘无故地向他人按喇叭，我们谈话时有人肆意插嘴，我们以为某人该来帮忙他却没有来，等等。甚至一些非人为的事情也可能被认为是伤害我们的自尊心而引起我们的反应：我们要乘的公共汽车来迟了，我们要打高尔夫球时偏偏下雨了，我们急着上飞机时交通忽然阻塞了，等等。我们的反应是愤怒、沮丧、自怜，换句话说：不高兴！但如果你能养成快乐的习惯，你就会变成一个主人而不再是奴隶。你的意见可能使事情变得乐观。甚至在遇到悲惨的情况和极其不利的环境时，我们一般也能做到比较快乐，即使不能做到完全的快乐——只要我们不在不幸之中再加上我们自怜、懊悔的情绪和于事无补的想法。

人是一个追求目标的生物，只要他朝着某个积极的目标努力，他一定能自然正常地发挥作用。快乐就是自然正常地发挥作用的征兆。人只要发挥一个目标追求者的作用，不管环境如何，他也会感到十分快乐。托马斯·A.爱迪生有一间价值几百万美元的实验室没买保险而被火白白烧掉了。后来有人问他："你该怎么办呢？"爱迪生回答："我们明天就开始重建。"他保持着进取的态度，可以断言：他绝不会因为自己的损失而感到不幸。

心理学家H.L.霍林沃兹说过：快乐需要有困难来衬托，同时需要有以克服困难的行动来面对困难的心理准备。

威廉·詹姆斯说："我们所谓的灾难很大程度上完全归结于人们对现象采取的态度，受害者的内在态度只要从恐惧转为奋斗，坏事就往往会变成令人鼓舞的好事。在我们尝试过避免灾难而未成功时，如果我们同意面对灾难，乐观地忍受它，它的毒刺也往往会脱落，变成一株美丽的花。"

"鸡蛋里挑骨头"不可取

一个人最大的缺点莫过于看不到自己的缺点，反而对他人吹毛求疵。

请记住，当你说老板刻薄时，恰恰证明你自己是刻薄的；当你说公司管理到处都是问题时，恰恰说明你自己也有问题。

美国前总统林肯有一封写给下属胡克的信，可以引导我们走向这个曾经做过伐木工人的总统的伟大心灵。在这封信中我们可以看到林肯是如何驾驭自己精神的，同时也可以看到一些他驾驭别人的事实。这封信让我们看到了一个率直、慈爱、睿智、老练，具有外交天赋和宽大胸襟的林肯。

胡克曾经粗鲁、不公正地批评自己的总司令——林肯，这使他的上司伯恩赛德感到十分难堪。但林肯却毫不计较，而是充分发挥胡克的优点，为自己所用。林肯提拔胡克接替伯恩赛德的职务。换句话说，被冤枉的人提拔了冤枉他的人。事实上，林肯和伯恩赛德之间的私人友谊十分深厚。

第二章

有这些习惯，你的心态怎么好得了

但是误会依然存在，因此，林肯认为，有必要让被提拔的胡克得知真相，所以他以一种既不让他出丑也不点燃怒火的方式告诉了胡克，用理智的方法化解了和胡克间的矛盾。下面就是这封信的全文：

少将：

我已任命你为波托马克军的首领。我这样做当然有自己充分的理由，然而我依然认为你最好知道，我对你依然有很多不太满意的地方。我相信你是一位勇敢又有才华的军人，当然，这是我喜欢的。我也相信你不会把你的职业与政治倾向相混淆，这一点你是正确的。

你有充分的自信心。如果这不是必不可少的优点，至少是有价值的优点。你雄心勃勃，在合情合理的范围内，它利大于弊。但是，我认为你在接受伯恩赛德将军为统帅时，这种雄心曾经受到过挑战。在这一点上，你犯了一个大错误，不管是对国家，还是对那位战功卓著和值得尊敬的长官。

最近，我曾听你说过，无论是军队还是政府都需要一位最高统帅，我也相信你的观点。因为这方面的原因，但不仅仅因为如此，我给你下达了任命。只有那些赢得成功的将军才可以成为统帅。我现在要求你的是取得军事上的成功，而我自己也冒着独断专行的危险。

政府将尽自己最大的能力来支持你，不会比以往的多，也不会比以往的少，而且对所有的司令官一视同仁。批评自己长官甚至使他丧失自信心，我担心这些由你带入军队的思想会发生在你自己的身上。我会尽我最大的努力来帮助你控制它。无论是你，还是拿破仑（如果他还活着），都无法从一个弥漫着这种情绪的军队里有所收获。

现在，请克服这种轻率，保持旺盛的精力，勇往直前，争取伟大的胜利。

　　此致

敬礼

林肯

1863 年 1 月 26 日

于华盛顿

信中有一点值得深思。它说明了这样一种情况，那就是从一片有毒的土壤里会滋生出类似龙葵的致命物质——是对那些地位比我们高的人嘲笑、吹毛求疵、抱怨和批判的习惯。

尽管胡克有种种缺点，但他依然得到了提拔，而你的老板可能没有林肯那样宽容大度的胸襟。但即使是林肯也无法永远保护胡克。如果胡克战败了，林肯不得不再起用其他人取而代之——一个更沉着冷静，一个不妄加评论、不吹毛求疵的人。

不要吹毛求疵，这不仅是一个做人的原则，也是一种建立在自然法则基础上的商业习惯。奖赏只会给那些有用的人。如果希望能对老板、对公司有真正的帮助，就应该保持宽容心，以一种温和的态度来告诉自己的老板，他的管理存在一些弊端，而没有必要激起他的不满，更没有必要与之上升到对立的地步。

有一类人专门习惯挑老板和同事的缺点和错误，他们自己无法做到十全十美，却要求其他人尽善尽美。他们有一种用他人的错误来证明自己聪明的心理，总是希望从挑剔错误中得到满足。

如果你将大部分时间和精力花在评论别人和是非上，你自己可用的时间又能剩多少呢？你还有时间去成功吗？提高自己并不需要贬抑别人；获取他人对你的信任，也并不需要中伤其他人。

每个人都有缺点，但除此之外，也有长处和优点。正确的心态应该是看到他人优秀的本质。如一位伟大的企业家所言："看人应该看到他的优点，必须尽量发掘他人的长处。用三分心思去挑剔缺点。"

如果挑剔能使一部被撞坏的汽车恢复至完好如新的话，那将是多么的美好啊！可这是绝对不可能的，对于已经发生的事情过分挑剔，什么也不能挽回。如果我们能改变态度，少些指责，多些赞美，对自己对别人都是有好处的。

别那么轻易就认输

一般来说，成功的人都有不服输的心性，这种心性在他人或外在环境因素的刺激下，能焕发出惊人的斗志。

据说，美国前总统里根在青年时期曾是个地痞式的人物，尽管他聪明机灵，也常常仗义行事，但他常跟一些不务正业的人混在一起，不是酗酒寻事，就是打架斗殴。有一次，他与同伙一起将父亲一个好友的汽车偷开了出去，在加利佛尼亚州兜了一圈，最后开到纽约去赌钱，结果把父亲好友的汽车也输进去了。他父亲知道此事后，非常恼火，对他骂道："你简直一无是处！"

"我这么聪明，怎么会一无是处？"父亲的这句话深深刺伤了里根的自尊心。从此以后，里根断绝与那些不务正业的朋友们的来往。为了证明自己，里根开始努力学习，并很快便拥有一份不小的产

第二章
有这些习惯，你的心态怎么好得了

业，直到后来成为美国历史上最有威望的总统之一。

其实，在现实生活中，我们每个人都有潜能，这些潜能往往连我们自己也未必清楚，但在外来刺激的激发下，就会展现出来。但有的人在受到外来刺激时，比如受伤害和侮辱时，不敢正面奋起，而说一些傻话，或是感到羞辱，或是恶语相向，最终以结怨而告终。这样的习惯常使人生格局走向了不利的一面，这种不良习惯反而会将你推向失败的深渊。

当然，现实生活中，也有人借着被别人激发的力量来改变自己的处境，达到自己所追求的目标。

美国黑人富豪约翰逊决定在芝加哥为公司总部兴建一座办公大楼，他出入无数家银行，但始终没贷到一笔款。于是决定先上马，设法将自己的 200 万美元凑集起来，然后聘请一位承包商，要他放手建造，自己则想方设法筹集所需要的其余 500 万美元。

建造持续施工所剩的钱仅够再花一个星期的时候，约翰逊和大都会人寿保险公司的一个主管在纽约市一起吃晚饭。约翰逊拿出经常带在身边的一张蓝图准备摊在餐桌上时，保险公司主管对约翰逊说：“在这儿我们不便谈，明天到我的办公室来。"

第二天，当约翰逊断定大都会公司很有希望给他抵押借款时，他说：“好极了，唯一的问题是今天我就需要得到贷款的承诺。”

“你一定在开玩笑，我们从来没有在一天之内给过这样的贷款承诺。”保险公司主管回答。

约翰逊把椅子拉近说：“你是这个部门的主管。也许你应该试试看你有无足够的努力把这件事在一天之内办妥。”

他微笑说：“你这是逼我上梁山，不过，还是让我试试看。”

他试过以后，本来他说办不到的事儿终于办到了，约翰逊也在钱花光之前几小时回到芝加哥。

可见，运用激将法，务必找到并击中对方的要害，迫使他就范。就这件事儿说，要害是那位主管对他自己权力的尊严感。

约翰逊在谈话中暗示，他怀疑那位主管是否拥有那么大的权力。主管听了这话，感到自己的权力受到了质疑。那好，我就证明给你看！

生活在社会上的人们，处在各种复杂的矛盾关系中，一个人如何考虑问题完全是由自己的是非判断和习惯决定的。只要你事先了解了对方的情感习惯和是非标准，只要你知道了对方在社会关系网络中的哪一个点上，你就可以根据社会平均关系，或投其所好，或投其所恶，机动灵活地激发对方产生某种想法，然后促使他按照这种想法做出有利于自己的决策。这种办事方法就是世人常用的激将法。这种方法是双向的，一是自己激别人，二是别人激自己，但不管是谁激谁，都会通过激励而获得某些改变。

你的命运你做主

在现实生活中，我们应该做命运的主人，而不应由命运来摆布自己。西方哲学家蓝姆·达斯曾讲了一个真实的故事。

一个因病而仅剩下数周生命的妇人，一直将所有的精力都用来思考和谈论死亡有多恐怖。

以安慰垂死之人著称的蓝姆·达斯当时便直截了当地对她说："你是不是可以不要花那么多时间去想死，而把这些时间用来活呢？"

他刚对那妇人这么说时，她觉得非常不快。但当她看出蓝姆·达斯眼中的真诚时，便慢慢地领悟到他话中的诚意。"说得对！"她说，"我一直忙着想死，完全忘了该怎么活了。"

一个星期之后，那妇人还是过世了。她在死前充满感激地对蓝姆·达斯说："过去一个星期，我活得要比前一阵子充实多了。"

另有一位朋友，因为幼年时患了一场大病，命虽保住了，但下肢却瘫痪了。他的父亲是邮局干部，他父亲在他中学毕业后设法在邮局给他安排了一份可以坐着不动的工作，工资及各种福利待遇都与常人无别。在这个岗位上，他干了三年。按说，一个重残的人，能有一份这样安稳有保障的工作，应该感到十分满足了。他的许多身体健康的同学，都还在为谋一份职业而四处奔波求人呢。但他却辞职了，因为他在人们的眼光中，不但看到了同情，更看到了怜悯还有不屑。

辞职后他先是开了一家小书店，但不到半年便因城市改造房屋拆迁而不得不关门。之后，他又与人合办了一家小印刷厂，也仅仅维持了一年多，便因合伙人背信弃义而倒闭。两次经商都没成功，而且还债台高筑，这时他的父母和朋友们又来劝他说："你一个残疾人，就别胡折腾了，多少健全的人都碰得头破血流呢，何况你！"父亲劝他趁自己还在领导岗位上，让他还是老老实实回邮局上班算了。但他还是没有回头，而是又选择了开饭店。这次他吸取前两次的教训，一年下来，小饭店竟赢利2万多元，于是他又开了两家连锁店。十年之后，他的连锁饭店不但在他居住的城市生根开花，而且还不断在周边的大小城市陆续开张。他自然也就成了事业成功的老板，且娶了漂亮能干的妻子。当有人问他成功的经验时，他说了很多，但他说最重要的，就是千万不要同情自己。别人同情你不要紧，若自己同情自己，就会成为懦夫，而没有勇气去奋斗，一辈子只能在别人的同情中生活。

当我们在面对生命中不可避免的病痛、损失、挫败的时候，常常会因为不断地专注在病痛、折磨、惧怕的本身，而使日子更加难过，甚至许多人因此觉得"活不下去了"，而轻率地走上轻生的不归路。没有人喜欢面对人生痛苦的部分，但只有那些明了自己的思想动力、愿意并成功自我掌控的人，才能够避免将现有的苦痛不断放大，才具备较佳的应对能力。

在现实生活中，不单是身有残疾和病痛的人，就是健康的人，在遭遇挫折和失败的打击时，也会生出悲观失望、自怜自卑的情绪来。在这种情绪的笼罩下，一个人很容易寄希望于他人，一蹶不振，失去重新尝试的勇气。

事业的成功，往往取决于能否战胜自己的软弱，不给自己倒在地上爬行的理由。

许多人抱怨自己命运不济，认为缺少机会。那么机会对人生究竟有多重要呢？其实机会就像买彩票一样，投入得越多，失望的概率就越大，因此，相信机会有时也是一种自欺欺人。

麦士是位成功的商人，却不幸患上了白内障，视力严重受损，不要说阅读写作，就连驾车外出都

第二章
有这些习惯，你的心态怎么好得了

极其艰难。与他一同患病的一位病友受不了这种折磨，每天不是喝得酩酊大醉，就是对着别人大发雷霆，仅仅过了半年，那位病友便离开了人世。目睹此景，麦士备感凄凉。因为疾病，他不得不结束原来的生意，使生活渐渐陷入了困境。

在那段举步维艰的日子里，书给了麦士很大慰藉。因为患病，麦士深深体会到视力不良者的不便与需要，他决定寻找一种容易阅读的字体。

经过近一年的研究，麦士发现在纸上印有粗线条的斜纹字体，不但对视力有障碍的人大有帮助，也能提高一般人的阅读速度。于是，麦士把自己仅有的 15000 元存款从银行里取了出来，把这组新研究出来的字体整理妥当，计划全面推广。麦士在加州自设印刷厂，第一部特别印刷而成的书面市了。一个月内，麦士接到了购买 70 万本的订单……

可见，当你遭受损失、挫折的时候。不要把焦点放在你无法挽回的部分，而要把焦点放在"生活里还有哪些值得感谢""还能为自己做些什么"的部分。当自己的情绪呈现出负面或消极的倾向时，要确保自己的意念完全投注在解决办法上，而非问题上；学着即使在与不幸共存的时刻，还能够积极向上、活在此刻。那么，即使面对再艰难的景况，我们都还能保持内心的宁静；在苦难突然降临的时候，我们能沉着冷静地应付，从而主宰自己的命运。

第三章

有这些习惯，难怪你没朋友

小毛病更会让人厌烦

有的人似乎天生就令人讨厌，而他们却从来不会自我觉察。究其原因是因为他们从来就没有养成良好的交谈习惯，更没有形成正确的交际观念。以下五种小习惯正是这种没有交际修养的人的表现。

一、说话枯燥乏味

这种人通常是个脾气很坏的人，他常常有些自私，可他自己并没有察觉。他常以为人家对于他所讲的事物也像他自己那样感兴趣。他之所以冒犯人家，并不在于讲话太多，而是因为说话太枯燥乏味。在他所说的话中，没有一点波澜和惊奇。他说的话，常常也是他自说自话。他的习惯非常单调，因此他不开口则已，一开口便使人感到厌倦。

在一个令人厌倦的谈话中，我们常听到这样一些句子："让我来告诉你们我自己的设想吧""六个月前我们在船上的时候""我记得当时的情况是这样的"，等等。这些东拉西扯的话，能不叫人厌倦吗？

二、经常打断别人谈话

喜欢乱插嘴的人是一种不让你把话说完的人。你的话正说到一半，他就插进来说，有时竟能把你的结论也说了去，而他为你说完的结论，并不是你本来的观点，你当然是非常讨厌的。然而他并不自觉，还是得意扬扬地炫耀自己聪明。

喜欢乱插嘴者最令人讨厌的，便是从不预先告诉你他要插话了。他也不说"我知道你这故事的结果"或"让我替你把它讲完吧"或"你想说的是这样的"，他只是突然地自半山腰里杀出来，使你不得不偃旗息鼓。

人们相信，总有一天，那些令人厌倦的言谈"滔滔不绝"者和那些"喜欢乱插嘴"者，会在人们面前自讨没趣，羞愧而退的。

三、说话心神不定

心不在焉者在开始谈话时似乎有严密的逻辑，可是他的心神是浮荡不定的。如果你告诉他一个你觉得很有趣味的故事时，他却把他的注意力分散到别的地方，好像灵魂早已不知飞到哪里去了似的。这时你一定觉得他没有礼貌而感到扫兴。

然而这也许是你的过错。或许你讲的事情使他很难提起兴趣，在这种情况下，你自己也许成为一个令人讨厌的人。可即使如此，他也不会被人原谅，因为他是完全可以避免的。

第三章

有这些习惯，难怪你没朋友

"心不在焉"的人，常常这样说："对不起，你刚才说什么？"或"我刚才没注意听"，以及"我想我已想到别的事情上了"。

四、傲慢自大的人

傲慢自大的人只看到人家的短处，从不称道他人的长处。他常常扫人家的兴致，打断人家的话头，当我们在称赞一个为社会做出贡献的人时，他便说那人只不过是在为自己的利益工作而已。他是个冷笑专家，在他的脑子里，别人的一切都是恶劣不堪的。

轻视他人者常常喜欢攻击别人。假如你钓到一条五公斤的鱼，他便会喊起来说，有人曾在这里钓到过十公斤的鱼呢！他常抱有一种嫉妒的心理，而且他并不能将这种心理深埋在心中。有时你可以从下面的一些话里听出他是一个轻视他人的人："是的，可是在他背后的动机是什么呢？"以及"那毫无价值，你等着再听听这一件事吧！"

五、说话啰唆

虽然他的话并没有伤害你，也不会引起你嫉恨的，可是他那滔滔不绝的言谈，确会使你感到代人受过般地难过。

说话啰哩啰唆的人大多为女人，而她们的心情确实是良好的。她因为热心而兴奋，所以啰哩啰唆地想把一件非常琐碎而无趣的事情说得有趣而重要。这种人是生活在一个狭窄的空间里，因为她没见过大世面，所以便把特别琐碎的东西看得有价值了；因为她没有见过大世面，所以见过世面的人倾听这种乏味的言谈，真是哑巴吃黄连了。

"让我告诉你我们前天晚餐时所准备的菜肴吧""我想我要替苏珊买一件新衣裳了"，这些都是一个啰哩啰唆的女人想要说的话。

在现实生活中，如果你不幸养成了以上五种不良的习惯，不妨对照改进。

小节不拘伤大节

俗话说"成大事者不拘小节"，事实果真如此吗？其实，坏习惯不论大小，都应坚决摒弃，以免小节不拘伤大节。

当同桌的几个人围坐在餐桌旁准备就餐时，你自己一个人手拿筷子敲打碗盏或者茶杯；主人尚未示意开始，自己一个人就已经狼吞虎咽；不等喜欢的菜肴转到自己跟前，就伸长胳膊跨过很远的距离甚至屁股离座挑食菜肴；喝汤时"咕噜咕噜"、吃菜时"叭叽叭叽"作响；用餐尚未结束，已经连连打出饱嗝……从这些习惯都可看出一个人不拘小节。那么，怎样的吃相才算雅呢？

在入座之后，一面做好就餐的准备，一面可以和同桌的人随意进行交谈，以创造一个和谐融洽的用餐气氛。不要旁若无人，兀然独坐；也不要眼睛紧盯着餐桌上的冷菜之类，显出一副迫不及待的样子；或者下意识地摆弄餐具。开始用餐时应注意只有当主人示意开始时，客人方可动筷；用餐的动作要文雅，夹菜时不要碰到邻座的客人，也不要把盘里的菜肴拨到桌上，更不能打翻盘碗。使用筷子也在长期的生活实践中形成了一些礼仪上的忌讳：一忌敲筷，即在等待就餐时，不能一手拿一根筷子随意敲打；二忌掷筷，即在发放筷子时要轻，相距较远时可以请人递过去，不能随手掷在桌上；三忌叉筷，也就是筷子不能一横一竖交叉摆放或一根是大头，一根是小头；四忌插筷，即不论在何种情况下，都不能把筷子插在菜上或饭碗里；五忌挥筷，在夹菜时不能把筷子在盘里翻来搅去，也不能让两个人的筷子在碗中发生交叉；六忌舞筷，也就是在说话时不能把筷子当作道具在空中乱舞或者用筷子指点别人。

另外，在日常生活中还要注意以下小节：

一、不要当众搔痒

大家都知道搔痒的举止不雅。搔痒通常多是由于皮肤发痒而引起的。其中有些属于病理的原因，例如体质过敏，皮肤好发疱、疹，有时奇痒难忍；有些属于生理的原因，如老年人因皮脂分泌减少，皮肤干燥，也容易产生瘙痒。在出现这类情况时，当事者要按所处的场所来灵活掌握。如处在极严肃的场合，就应稍加忍耐；如实在忍无可忍，则只有离席到较隐蔽的地方去搔一下，然后赶紧回来。因为不管你怎样注意，搔痒的动作总以避人为好。尤其有些人爱搔痒纯粹是出于习惯且无意识，只要人稍一坐停就不断用手在身上东抓西挠，这更是不好的习惯，应尽量克服。

二、要防止发自体内的各种声响

生活经验告诉我们，任何人，对发自别人体内的声响都不太欢迎，甚至很讨厌，诸如咳嗽、喷嚏、哈欠、打嗝、响腹、放屁，等等。当然，这些声响有的只在人们犯病或身体不适时才有，例如打喷嚏，常常是在一个人患感冒的时候才发生。当出现这种情况时正确的做法可用手帕掩住口鼻以减轻声响，并在打过喷嚏后向坐在近处的人说声"对不起"以表示歉意。但是，有的却也是由于习惯所造成，主要是因本人不重视、不关心别人的心理所致。比如，有些人在大庭广众之下，不断打哈欠或者连连放屁，竟然也不脸红。像这样就是很不好的习惯了，应当注意改正才是。

三、不要将烟蒂到处乱丢

许多人都反对抽烟，究其原因，与不少抽烟者缺乏卫生习惯不无关系。有些吸烟者往往不注意吸烟对别人所造成的不便，他们不了解，不吸烟者除了害怕烟味会引起呛咳外，还讨厌随风吹散的烟灰，它不但使人感到不舒服，有时带有余烬的烟蒂还容易引起事故。这些都使不吸烟者有一种自发地抵制吸烟的情绪。所以，如果吸烟者随意处置吸剩的烟头，将它们丢在地上用脚踩灭，或随手在墙上甚至窗台上捻灭等，都是很令人讨厌的。对此，也必须自觉加以纠正。

四、吐痰务必入盂

随地吐痰，也是一种令人侧目的坏习惯。有些人由于积习较深，随意将痰到处乱吐，甚至在水泥和木头地板上也如此，这确实是种令人作呕的不文明行为。因为，随地吐痰之惹人厌恶，不仅由于痰是脏物，吐在地上会直接弄脏地面，而且还会污染环境，传播疾病，损害许多人的健康。所以，文明的做法应当是将痰吐入痰盂内；如果周围没有痰盂，就应到厕所里去吐痰，吐后立即用水冲洗干净。

在日常的社会生活中，行为举止的习惯并不仅仅如上面所说的各种规范的约束，表现出明显的被动性特点。同时，它的其中一部分内容也已经被用作表示礼貌、增进感情、扩大交流的非常有效的手段，某些举止已经被赋予了特定的意义。正确掌握和使用这些举止或动作也可以显示出一个人的教养水平。现择要做一简单介绍。

握手。多数用于见面致意或问候，也是对久别重逢的亲友相见或辞别时的礼节。习惯上握手还是一种表示感谢或相互鼓励的表示。比方说赠送礼品或颁发奖品后，都可以用握手来表示祝贺、感激或鼓励之意。

点头。这是与别人打招呼时使用的礼貌举止。通常多用于迎送的场合，尤其是在迎送者有许多人时，用点头就可以向许多人同时致意，表示对见面的喜悦或对离别的惆怅。在其他场合有时也用到点头。

举手。这也是与别人打招呼的礼貌举止。通常用于和对方远距离相遇或仓促擦身而过的时候。它的用意在于表示自己认出了对方，但因条件限制而无法站停施礼或与对方交谈。用这种随机的礼貌举止可以消除对方的误会，并感到与正常招呼差不多的满意。

起立。这是位卑者向位尊者表示敬意的礼貌举止。现常用于集会时对报告人到场或重要来宾莅临时的致敬。平时，坐着的男士看到站立着的女子，或坐着的年轻者看到刚进屋的年长者，或者在送他们离去时，都可以用短暂的起立来表示自己的敬意。

欠身（弯腰）。欠身或者弯腰，都是向别人表示自谦的礼貌举止，也就相当于在向对方致敬。它与鞠躬的差别，只有程度上的不同而已，即鞠躬要低头，而欠身或弯腰仅仅是身体稍向前倾，但不一定低头，两眼可直视对方。

鼓掌。这是表示赞许或向别人祝贺的礼貌举止。通常用于在聆听别人的长篇讲话和讲演，看完、听完别人的表演、演奏之后，用以表示自己的赞赏、钦佩或祝愿。鼓掌一般当然出声，但也可以不出声而仅仅做出鼓掌的样子，不过应当让对方直接看到。

抱拳。这是身份相仿者之间相致敬意的礼貌举止。它是由我国古人在相互见面或告辞时，互作长揖的礼仪动作演变而来的。由于它简便易行，所以目前不少人仍喜使用。

合十（即两手合拢置在胸前）。这是兼含敬意和谢意两重意义的礼貌举止。最初仅通行于出家人即佛门弟子之间，以后逐渐流传到俗家人之间。因为这种礼貌举止很文雅，为雅俗共赏，所以不少人也乐于使用。

拥抱。这是表示亲密感情的礼貌举止。通常仅用于外事及送往迎来的特殊场合。有时，有前嫌的双方在误会消除时也常常用拥抱来表达一些难以用语言来说明的复杂感情。但这种表达方式在我国异性之间都比较慎重，轻易不大使用。

　　表示礼貌的举止习惯当然不止这一些，这里提及的是其中比较常见的若干种。从根本上说，这些礼仪举止没有哪一种是我们任何一个人所不能做到的，只要在日常生活中多注意一些，这些举止中所包含的各种思想感情已经明明白白地传送了出去，不仅说明了你是一个有礼貌的人，更可以使你在人际交往中如鱼得水，顺畅自如。

衣着精致，行为可不能随便

不少男性有吸烟的习惯，以往人们认为男性吸烟是一种绅士风度，可如今当众吞云吐雾则成了令人讨厌的行为。所以，假如你是一个有吸烟习惯的男性，必须注意自我约束，切勿不分场所毫无顾忌地吞云吐雾，自得其乐。

首先，在挂有"禁止吸烟"或"请勿吸烟"等标志的场所，是绝对不能吸烟的，如果你满不在乎地吸起来，肯定会受到制止和指责，即使在没有禁止吸烟标志的公共场所，也不能"畅吸无阻"。在飞机、轮船、火车上，一般也是禁止吸烟的，作为乘客当然也不能对此熟视无睹；在会议室、礼堂、车站、影院、商场等公共场所，甚至一些机关、企事业单位也禁止吸烟，要吸烟可以到休息室或专门的吸烟室；在宴会上，切忌一边吃东西一边吸烟；在别人家里作客，一定要征得主人的同意后方可吸烟。另外吸烟时也存在礼貌问题：

（1）与人共处一室时，特别是当室内有老人、儿童或者妇女时，自己想吸烟应先征求一下他们的意见，得到允许后再吸才显示出自己的修养；若室内有"请勿吸烟"的标志，则应严格遵守。

（2）吸烟时烟灰、烟蒂、火柴棍不要丢在地板上，当别人替你拿来烟灰缸时应道谢。

（3）不要嘴里叼着烟和人说话，不要猛吸或嘴里发出声响，更不能把烟雾喷到别人脸上或身上。

在社交场合中，女性应表现出温柔、轻盈、娴静和典雅之姿，动作要有柔性，给人一种虽动犹静的美感。因此，在社会交往中，女性应该注意这些习惯：一是与别人谈话时，要注意聆听不要东张西望，心不在焉。二是置身于许多男子之间时，因男性的话题比较广泛，作为一名女性如果不便于言谈，可以保持缄默，但必须有一种乐于倾听的态度，这样周围的人才会对你产生一种好印象。三是在社交场合，特别是在大庭广众之间，女性一定要态度大方，不要扭捏作态。否则容易让人产生孤芳自赏的感觉。四是与人谈话时，面部表现要自然大方，该笑则笑，不该笑则不宜笑，不要挤眉弄眼，给人以献媚的感觉。不讲话时，要自然闭嘴；脸部静止时，要注意口形的中正，不要歪扭；讲话时，口形要适度，不要有意无意地咧嘴；笑的时候最好不露出牙根，以笑不露齿为原则。

女性的姿态美也是很重要的，这种美具有一种说不出来的迷人魅力。一个相貌平平的女性，如果能有美丽的姿态和风度，便可发挥出无穷的魅力。

总之，不管是男性，还是女性，在公众的面前不能有随便的习惯。

狭隘偏激的言行不可取

在生活中，我们常听人说某某不可相处，仔细观察就会发现，这一类人主要是做人太偏激，疾恶如仇，容不得半点沙子。这种人到哪都没有好人缘。

由此可见，与人相处不可太偏激。处理问题头脑要冷静、客观、全面，切忌忽左忽右，极端片面。有的人天性偏激，就要通过后天的训练去克服，这时方法的运用就很重要。

我们可以尝试一下运用宽心法克服狭隘的痛苦。努力工作，发奋学习，加强思想修养，热爱并创造新的生活，思想境界提高了，心境也就放宽了。运用遗忘法克服仇恨的痛苦。对过去的事情不必再去追溯。企图从回忆中捕捉虚幻的甜蜜，往往会增加烦恼。运用排除法克服失意的痛苦。主动置身于欢乐的环境中，参加一些集体活动或出外旅游，这样可以振奋精神，开阔胸襟。运用寄托法克服失恋的痛苦。根据自己的兴趣，选择一种追求目标。比如可以争取在本职工作中有所创造革新，也可以在业余活动中争取成绩。

另外，还要克服社交中的攀比情绪，对人不要抱有对立情绪，时时处处提防别人，使自己与别人的关系经常处于紧张状态。

完成工作后不要滔滔不绝地自我吹嘘。你的功过大家自有评价，最好保持谦虚谨慎的态度。与朋友相处，要有自己的独到见解，但不要固执己见，听不进他人的意见。

做人要有责任心，与人交往要负责任，对别人委托的事和自己与别人共同参与的工作，都要主动负起责任，绝不要敷衍了事。

对人不要报复心太强。人与人之间难免会有些矛盾和冲突，如果受点委屈就耿耿于怀，便很难与人有正常的交往。越是有才能越要谦虚。切忌狂妄自大，自命不凡。谦逊而有才干的人是最受人爱戴的，那种有才能但自负的人，准会在人际交往中栽跟头。

吹吹拍拍惹人嫌。尊重领导是正当的，但刻意追求，不择手段地竭力吹捧奉承就另当别论。随着岁月的流逝，人的社会分工会不断发生变化，绝不要因自己职位的提升就嫌弃过去的朋友。

待人要平等，不要把人分成三六九等、尊卑贵贱。这种庸俗的待人方式令人生厌，但凡有头脑的人，都不会与势利小人做朋友。

在荣誉和奖励面前要谦让，在困难和责任面前要勇于承担，这样的人走到哪里都会受到大家的尊重和爱戴。记住别人对你的帮助，适当的时候给予回报，谁都愿意和你交朋友。

以德报怨，人人敬之。处理怨恨的最高尚、最明智的方法就是不计前嫌，以德报怨，化怨情为友情。当你发现自己伤害了别人的时候，要及时道歉，求得别人的谅解。不能因为别人对你的伤害产生怨气就忍受不了，想方设法为自己的行为辩解甚至不承认自己有错。

爱搬弄是非的人朋友自然少

人的舌头既是最好的东西，也是最坏的东西。有智慧的人，宁可因寡言被人谴责，也不会多言惹人讨厌。

爱迪生说："一个谎言，一定要用另外一个谎言加以弥补，否则它会漏洞百出。"这等于说明了：一个人扯了一个谎，一定会被迫要再编造更多的谎言去支持它。

林肯说："你可以在所有的时间中欺骗某些人，你也可以在某些时间中欺骗所有的人，但你却不能在所有的时间中欺骗所有的人。"

其实，有人群的地方就有是非；有相信"是非"的，就有搬弄是非之人的用武之地。所以，是非终日有，不听自然无。

有这样一个故事：

爷孙俩买了一头驴，爷爷让孙子骑着走时，有人议论孙子不懂孝敬；孙子让爷爷骑着走时，有人指戳爷爷不疼孙子；爷孙俩干脆都不骑了，又有人笑话他俩放着驴不骑是傻瓜；结果爷孙俩只好绑起驴抬着走了。

如果我们不想和那爷孙俩一样"抬驴"，那么我们就不要去听那些个"是非"而受其累。信"是非"的坏处是：原本蛮要好的朋友反目成仇；原来并没有什么关系的人恶语相向。

惠子在魏都大梁（河南开封）做梁惠王的宰相时，庄子准备去看望他。有人为了破坏他们之间的友谊，就在惠子面前无中生有地搬弄是非说："庄子要来魏都，名义上是来看望你，实际上他是来向君王显露自己的才干，心中是想代替你做魏国宰相啊！"

惠子听后完全相信了这番话，暗想：庄子才华横溢，若有意出将入相，那当代还有谁能比得过他？但是，你庄子和我是好朋友啊！你怎么对我产生这取而代之的念头呢？他心中恐慌害怕，也暗暗恨起庄子来！心道：你不仁，我不义！于是他下令在都城大梁搜捕庄子。可一连搜索了三天三夜，也不见庄子的踪影。

庄子早就进了大梁都城，但他智谋高深，那些士卒如何能搜捕他？但他见惠子这么容易受小人愚弄，很气愤！虽原本准备入相府见惠子的热情早已冷淡，但这时如若不见，岂不正让小人证实了自己有取代惠子相位的心思。

这一天庄子大摇大摆走入相府的门楼，卫士忙入内禀告，惠子硬着头皮迎出来，将庄子引入书房。庄子不无戏弄地对他说："南方有一种鸟名叫鹓雏，从南海出发飞到北海，不是梧桐树它不停下来休息，不是竹子的果实它不吃，不是甜美的泉水它不饮用。"

惠子已经感觉到自己误会了庄子，脸露愧色。但庄子可不顾惠子的面子，他知道这些看重官位的人，都有嫉贤妒能的臭毛病，所以他继续用挖苦、讽刺的语调痛斥道："有一只猫头鹰找到了一只腐烂的老鼠，鹓雏刚好飞过，猫头鹰以为鹓雏要抢它这只死老鼠，护食的心态顿起，仰起头恐吓地喊了一声'哧！'现在你是否也因为你的梁国而要吓唬我呢？"

惠子既愧自己妄听小人之言，又恨自己以功名利禄来度君子之腹，深悔自己利欲熏心竟到了不顾纯正友情的程度，于是忙向庄子谢罪，请求原谅。

不听"是非"的好处就是耳根清净、心情舒畅。搬弄是非的人一旦开始发难，是很难叫他们闭上嘴的。不过问题往往出在听信是非的人，听信等于是在鼓励他们继续这样的行为。真正误入歧途的是奖励搬弄是非的人，专心倾听他们所讲的坏话，为他们喝彩，甚至还依此采取行动。

光是转述故事就已够糟了，还有更恶劣的。擅长嚼舌根的人知道如何添油加醋，把事情说得比实际更严重，同时把自己描绘成无辜的受害者，认为传达如此重要的信息给愿意听的人是正确的做法。就这样，搬弄是非的人有了毁灭性的破坏力；也就是这样，嚼舌根者破坏了人际关系，让别人互相敌对。

其实，绝大多数人都渴望与别人真诚相处，希望工作、生活在一个互相理解、十分融洽的集体中。但生活中总免不了有一些爱搬弄是非的人，到处捕风捉影，道听途说，今天在张三面前说李四，明天在李四面前说张三。结果，搞得一个单位人心涣散，四分五裂。那么，如何远离是非呢？

一、不向同事吐苦水

有许多爱说话、性子直的人，喜欢向同事倾吐苦水。虽然这样的交谈富有人情味，能使你们之间变得友善，但是研究调查指出，只有不到1％的人能够严守秘密。所以，当你的个人危机和失恋、婚外情等发生时，你最好不要到处诉苦，不要把同事的"友善"和"友谊"混为一谈，以免成为办公室的注目焦点，也容易给老板造成问题员工的印象。

二、不听闲话

繁忙的工作之余，同事之间也许会闲谈几句。有的人传播马路新闻，有的人借机搬弄是非，女士们则热衷于谈论服装、首饰……此时此刻，你不妨谈论名人轶事，把话题的"引导权"握在自己手中。以名人轶事作为闲谈话题，一是可显得你志趣高雅，不落俗套；二是可显示出你博览群书，见多识广。久之，必然会使你在众人心目中的地位不断高移。

三、放弃鸡毛蒜皮的小事

有积极心态的人不把时间精力花在小事情上，因为小事使他们偏离主要目标和重要事项。如果一个人对一件无足轻重的小事情做出反应——小题大做的反应——这种偏离就产生了。要记住，一个人为多大的事情而发怒，他的心胸就有多大。

四、能少说就少说

目光浅窄及愚昧无知的人，往往只喜欢针对人而不谈事，最后造成飞短流长。

有道德者，寡于言；有信义者，言而必实；有智谋者，善巧于言。

因此，说话也要同挑选食物一样，小心选择。尤其是注意不要谈论自己。越多讲述自己的事情，尤其是和别人发生争执时，就越会想尽一切办法为自己申辩，指责对方的错误，这就开始说谎了。而一旦开始说谎，是非也就不远了。

五、不散播耳语

耳语，就是在别人背后说的话，只要人多的地方，就会有闲言碎语。有时，你可能不小心成为"放话"的人；有时，你也可以是别人"攻击"的对象。这些耳语，比如领导喜欢谁，谁最吃得开，谁又有绯闻等等，就像噪音一样，影响人的工作情绪。聪明的你要懂得该说的就勇敢地说，不该说就绝对不要乱说。

六、做聪明的听众

在一项关于友情的调查中，调查的结果让调查者都感到十分意外。调查结果显示，拥有最多的朋友的是那些善于倾听的人，而不是能言善辩、引人注目的演说家。其实，这也没有什么不可思议的。我们每个人，其实都渴望表达自己。聪明的聆听者能够让说话者有充分的表达欲望和表达机会，自然就更容易获得别人的好感。

即使你真的按照上面的原则做了，却仍然有搬弄是非者把"是非"搬弄到你的头上，又该如何呢？最有效的方法，就是坦荡地面对。人生在世，从娘肚里一出来，就被别人议论：这孩子乖不乖，丑不丑。长大成人，人际交往日益扩大，被别人议论的机会也越来越多。全然不被别人议论的人几乎没有。搬弄是非者议论别人，就其内容来说，有真的，也有假的；有善意的，也有恶意的；有吹捧的，也有贬低的。但不管哪种议论，都应该以坦荡的胸怀，泰然处之。当听到吹捧自己或说自己好的议论时，不要忘乎所以，自以为不得了；当听到贬低自己或说自己不好的议论的，则应该冷静分析，区别对待：对议论中某些合理的东西，要"消化吸收"，引以为戒；对议论中不符合事实的东西，也不必怒形于色，耿耿于怀。不必为那些议论弄得自己惶惶不可终日以致失去心理平衡，影响情绪，影响正常的学习和工作。

你的刻薄会把别人越推越远

　　如果你习惯对别人刻薄，那么别人必将以牙还牙。所以，一个心胸狭窄、没有度量的人，他的刻薄在伤害了别人的同时，也将伤害自己。举例来说，当你受到别人的刻薄对待或歧视时，一定会觉得闷闷不乐。这时候，你应该调整自己的身心，恢复活力。

　　关于这一点，读者不妨参考一个很有趣的例子。小李被人称为"失恋魔"，原来他经常坠入爱河，可惜每次都饱尝失恋的苦果，当朋友们问他何以在每次失恋之余，仍能恢复精神与活力时，他却回答说："其实没什么，我被人遗弃，当然有些心酸，不过，我也同样觉得对方很可恶，如此而已。"

　　老实说，人类的内心中存有一种自然的防卫机能，那就是遭遇精神危机时，懂得保护自己的安全，"失恋魔"情况正是一种投射反应。换句话说，自己内心的情感，在习惯上认为对方也有相同想法，这是心理上的逆用效果。从这个角度说，如果我们将对方的伤害久铭在心，那么反而会加重自己的不快，反之，则可以使内心的创伤很快恢复。

生活经验告诉我们，要消除对方的抵抗感，不妨塑造共同的敌人。在人际交往中，有时候我们会发现平常感情恶劣得无以复加的姑嫂们，突然变得意气相投起来，而且经常为某事商讨得很热烈。原来，他们的反目都是由于隔壁太太拨弄是非。当她们面临邻居这位长舌妇的共同敌人时，她们之间开始进入休战状态，而且毅然排除内心的障碍，互相让步。

其实，不仅限于姑嫂间的问题，人类自古以来，常常由于共同敌人的出现，使得一向步调不一致的伙伴携手合作，甚至不相往来的双方也能变为同志，这种情况比比皆是。在小孩子的天地里，经常打架的兄弟，如果突然出现邻居顽童的挑衅，这对兄弟会采取联合抵抗的态度，这也许属于同一种例证。

如果将此项原理反过来运用，因为在意识上塑造了共同的敌人，彼此自然可以结为同志。我们可利用此法来跟一个很难相处的人，相处得很圆满。

同样，如想接近一个无故被疏远的朋友，或对己怀有抵触情绪的人，不妨找出共同的敌人，培养同仇敌忾的情绪，这样可从对方得到前所未有的亲近感。

一般人都曾设法抑制各式各样的不安与烦恼、无奈。任何人都多少具有趋向他人志向的习惯，正因为如此，才会心有所思，而产生各种烦恼。上述方法却能帮助我们消除压迫感与自卑感，并设法发挥自己的能力。

猜来猜去多累心啊

在我们的传统文化里就有很多关于猜疑的教诲，如"疑邻偷斧""人心隔肚皮""知人知面不知心""害人之心不可有，防人之心不可无"等等。

再让我们看看，在生活中如果两个小孩在外面打架，出来了两位母亲，一位是中国人，一位是外国人。中国的母亲很可能指着对方质问："你为什么打我的孩子？"而那位外国母亲则可能说："怎么？你们不友好了？"

可见，不同文化习惯的熏陶，两位母亲会说出两种不同的话。也可见，猜疑对我们每个中国人影响之大，它是我们民族习惯的劣根性。如果我们的"理解万岁"是建立在猜疑基础之上的，永远也不可能理解，何谈万岁。因为我们每个人从小都接受了猜疑的教育和影响，可以说人人都有猜疑之心。要摒弃猜疑，必须对猜疑有深恶痛绝的认识。

什么是猜疑呢？猜疑是基于一种对他人不信任的、不符合事实的主观想象，是人际交往过程中的拦路虎。具有猜疑习惯的人与别人交往时，往往抓住一些不能反映本质的现象，发挥自己的主观想象进行推断而产生对别人的误解，或者在交往之前对某人有某种印象，在交往之中就处处用这种习惯效应与对方接触，对方一有举动，就对原有成见加以印证。虽然猜疑习惯有种种表现，但我们可以发现其共同的特征，即没有事实根据，单凭自己主观的想象；抓住"毛皮"，忽略本质，片面推测；一味相信自己，怀疑他人，挑剔他人。具有猜疑习惯的人把自己置于苦恼之中，对别人采取不信任的态度，严重的甚至对自己的感觉也产生怀疑。

　　猜疑习惯往往导致心理偏执。这种人常常敏感固执、谨小慎微，事事要求十全十美。这样不仅危害自己，也会危害他人。

　　类似因猜疑造成的人间悲剧，从古至今，制造了很多血淋淋的惨剧，它给我们个人、国家和民族带来了很大的精神折磨和财富的损失。它给人的创伤可达到让人心力交瘁乃至精神失常的程度。

　　我们必须认识到，猜疑流淌在我们每个人的血管里，如果我们不采取"解毒"的手段，它的后果就会像毒品一样把自己推向"窝里斗"的水深火热之中，从而横生枝节。猜疑是"窝里斗"的祸根，猜疑是造成自杀和他杀的毒品！

　　猜疑的人往往目光短浅，没有远大的目标，没有真诚善良的心。欲调适自己的心态和与猜疑者相处的办法是：首先，培育爱心，从对小动物的爱到对人的爱，猜疑总是从坏的方面猜，是没有爱心的表现。其此，培育宽容的心理品质。宽容就是承认差异，降低对别人的要求。能够宽容别人是坦诚与人相处的首要条件，因为宽容是深思熟虑的表现，是内心深处去除荆棘的法宝。

猜疑者的思维方法是自圆其说。因为我丢了东西，看别人近日行为异常，所以肯定是他偷的。

所以，不管是调适自己，还是对待猜疑的朋友，调整思维方法都是极其重要的。

如果你遇到了朋友乃至领导对你的猜疑，万般解释不通，严重者可诉诸法律，一般情况下只有坦然相处，待到水落石出。

友谊的小船说翻就会翻

现实生活中，许多人交友处世常常习惯性地认为：熟人之间彼此了解，亲密信赖，如兄如弟，财物不分，有福共享，讲究客套太拘束也太外道了。其实，他们没有意识到，熟人关系的存续是以相互尊重为前提的，容不得半点强求、干涉和控制。

熟人之间再熟悉，再亲密，也不能过头，不讲客套，这样，默契和平衡将被打破，友好关系将不复存在。和谐深沉的交往，需要充沛的感情为纽带，这种感情不是矫揉造作的，而是真诚的自然流露。中国素称礼仪之邦，用礼仪来维护和表达感情是人之常情。当然，我们说熟人之间讲究客套，并不是说在一切情况下都要僵守不必要的烦琐的礼仪，而是强调好友之间相互尊重，不能触碰对方的禁区。每个人都希望拥有自己的一片小天地，熟人之间过于随便，就容易侵入这片禁区，从而因这种不经意的习惯引起隔阂和冲突。

譬如，不问对方是否空闲、愿意与否，任意支配或占用

第三章
有这些习惯，难怪你没朋友

对方已有安排的宝贵时间，一坐下来就"屁股沉"，全然没有意识到对方的难处与不便；一味追问对方深藏心底的不愿启齿的秘密，一味探听对方秘而不宣的私事；忘记了"人亲财不亲"的古训，忽视熟人是感情一体而不是经济一体的事实，花钱不忌你我，用物不分彼此，凡此等等，都是不尊重熟人，侵犯、干涉他人的坏习惯。偶然疏忽，可以理解，可以宽容，可以忍受。长此以往，必生间隙，导致熟人的疏远或厌恶，友谊的淡化和恶化。因此，熟人之间也应讲究客套，恪守交友之道。

对熟人放肆无礼，最容易伤害熟人，其表现有如下种种，不能不小心约束：

一、彼此不分，违背契约，使熟人对你产生防范心理

熟人之间最不注意的是对熟人物品处理不慎，常以为"熟人间何分彼此"，对熟人之物，不经许可便擅自拿用，不加爱惜，有时迟还或不还，一次两次碍于情面，不好意思指责，久而久之会使熟人认为你过于放肆，产生防范心理。实际上，熟人之间除了友情，还有一种微妙的契约关系。以实物而言，你和熟人之物都可随时借用，这是超出一般人关系之处，然而你与熟人对彼此之物首先有一个观念："这是熟人之物，更当加倍珍惜。""亲兄弟，明算账。"注重礼尚往来的规矩，要把珍重熟人之物看作如珍重友情一样重要。

二、过度表现，言谈不慎，使熟人的自尊心受到挫伤

也许你与熟人之间无话不谈，十分投机。也许你的才学、相貌、家庭、前途等等令人羡慕，高出你熟人一头，这使你不分场合，尤其与熟人在一起时，会大露锋芒，表现自己，言谈之中会流露出一种优越感，这样会使熟人感到你在居高临下对他说话，在有意炫耀抬高自己，他的自尊心受到挫伤，不由产生敬而远之的意念。所以，在与熟人交往时，要控制情绪，保持理智平衡，态度谦逊，虚怀若谷，把自己放在与人平等的地位，注意时时尊重对方。

三、不识时务，反应迟缓，使熟人对你感到厌烦

当你上熟人家拜访时，若遇上熟人正在读书学习，或正在接待客人，或正和恋人相会，或熟人准备外出等，你也许自恃挚友，不顾时间场合，不看熟人脸色，一坐半天，夸夸其谈，喧宾夺主，不管人家是否早已如坐针毡，极不耐烦了。这样，熟人一定会认为你太没有教养，不识时务，不近人情，以后就想方设法躲避你，害怕你再打扰他的私生活。所以，碰到这种情况，你一定要反应迅速，稍稍寒暄几句就知趣地告辞，珍惜熟人的时间和尊重熟人的私生活如同珍视友情一样可贵。

四、乘人不备，强行索求，使熟人认为你太无理、霸道

当你有事需求人时，熟人当然是第一人选，可你事先不作通知，临时登门提出所求，或不顾熟人是否情愿，强行拉他与你同去参加某项活动，这都会使熟人感到左右为难。他如果已有活动安排不便改变就更难堪。对你所求，若答应则打乱自己的计划，若拒绝又在情面上过意不去。或许他表面乐意而为，但心中就有几分不快，认为你太霸道、

第三章

有这些习惯，难怪你没朋友

不讲道理。所以，你对熟人有求时，必须事先告知，采取商量口吻讲话，尽量在熟人无事或情愿的前提下提出所求，己所不欲，勿施于人。

五、随便反悔，不守约定，使熟人对你感到不可信赖

你也许不那么看重熟人间的某些约定，对于熟人们的活动总是姗姗来迟，对于熟人之求当时爽快应承，过后又中途变卦。也许你真有事情耽误了一次约好的聚会或没完成熟人相托之事，也许你事后轻描淡写解释一二，认为熟人间应当相互谅解宽容，区区小事何足挂齿。殊不知熟人会因你失约而心急火燎，扫兴而去。虽然他们当面不会指责，但必定会认为你在玩弄熟人的友情，是在逢场作戏，是反复无常、不可信赖之辈。所以，对熟人之约或之托，一定要慎重对待，遵时守约，要一诺千金，切不可言而失信。

六、过于散漫，不拘小节，使熟人对你产生轻蔑和反感

熟人之间，谈吐行动理应直率、大方、亲切、不矫揉造作，方显出自然本色。但过于散漫，不重自制，不拘小节，则使人感到你粗鲁庸俗。也许你和一般人相处会以理性自约，但与熟人相聚就忘乎所以，或指手画脚，或信口雌黄、海阔天空，或在熟人言语时肆意打断、讥讽嘲弄，或顾盼东西、心不在焉，也许这是你自然流露，但熟人会觉得你有失体面，没有风度和修养，自然对你产生一种厌恶轻蔑之感，改变了对你的原来印象。所以，在熟人面前应自然而不失自重，热烈而不失态，做到有分寸、有节制。

七、过于小气，斤斤计较，使熟人认为你是悭吝之人

你可能在择友交友时，认为熟人以友情胜于一切，何必计较经济得失，金钱不能使友情牢固。这种思想使你与熟人相处时显得过于小气，事事不出分文；或患得患失，唯恐吃亏。对熟人所馈慨然而受，自己却一毛不拔，这会使熟人感到你视金如命，是个悭吝之人。所以熟人之交，过于小气显得悭吝小气，而慷慨大方则显得豪爽大度，它会使友情牢固。

八、用语尖刻，乱寻开心，使熟人突然感到你可恶可恨

有时你在大庭广众面前，为炫耀自己能言善辩，或为哗众取宠逗人一乐，或为表示与熟人之"亲密"，乱用尖刻词语，尽情挖苦嘲笑讽刺熟人，大出其洋相以博人大笑，获取一时之快意，竟不知会大伤和气，使熟人感到人格受辱，认为你变得如此可恨可恶，后悔误交了你。也许你还不以为然，会说熟人之间开个玩笑何必当真，殊不知你已先损伤了熟人之情。所以，熟人相处，尤其在众人面前，应和蔼相待，互敬、互慕、互尊，切勿乱开玩笑，用恶语伤人。

你自以为是的样子挺讨人厌的

　　老子曾经告诫世人："不自见，故明；不自是，故彰；不自伐，故有功；不自矜，故长。"这句话的大意是，一个人不自我表现，反而显得与众不同；一个不自以为是的人，会超出众人；一个不自夸的人会赢得成功；一个不自负的人会不断进步。

　　的确，你谦虚时就显出对方的高大；你朴实和气，他人就愿与你相处，认为你亲切、可靠；你恭敬顺从，他的指挥欲得到满足，认为与你配合得很默契、合得来；你愚笨，他就愿意帮助你，这种心理状态对你非常有利。相反，你若以强硬姿态出现，处处高于对方，咄咄逼人，对方心里会感到紧张，做事没有把握，而且容易让对方产生逆反心理，使交往和工作难以继续。

　　晋襄公有个重孙，名叫晋周。这位晋周生不逢时，晋献公宠信骊姬，晋国公子多遭残害。晋周虽然没有争立太子的条件，更无继位的希望，也同样不能幸免。

为保全性命，晋周来到周朝，跟着单襄公学习。晋是当时的大国，晋周以晋公子身份来到周朝。但晋周自小受父亲教育，养成良好的品性，他的行为举止完全不像一个贵公子。以往晋国的公子在周朝，名声都不好听，晋周却受到对人要求严厉的单襄公的称誉。

单襄公是周朝有名的大臣，学问渊博，待人宽厚而又严厉，是周天子和各国诸侯王都很尊敬的人，晋周很高兴能跟着他，希望能跟着单襄公好好学习，以成长为有用的人才。

单襄公出外与天子王公相会，晋周总是随从在后。单襄公与王公大臣议论朝政，晋周从来都是规规矩矩地站在单襄公身后，有时一站几个小时，晋周都从未有一丝不高兴的神色。王公大臣都夸奖晋周站有站相，坐有坐姿，是一个少见的恭谦君子。

晋周在单襄公空闲时，经常向单襄公请教。交谈中，晋周所讲的都是仁义忠信智勇的内容，而且讲得很有分寸，处处表现出谦虚的精神。

晋周虽然在周朝，仍十分关心晋国的情况，一听到不好的消息，他就为晋国担心流泪；一听到好消息，他就非常高兴。一些人不理解，对晋周说："晋国都容不下你了，你为什么还这样关心晋国呢？"晋周回答："晋国是我的祖国，虽然有人容不下我，但不是祖国对不起我。我是晋国的公子，晋国就像是我的母亲，我怎么能不关心呢？"

在周朝数年，晋周言谈举止都谦虚有礼，从未有不合礼数的举动发生。周朝的大臣都夸奖他。

单襄公临终时，对他儿子说："要好好对待晋周，晋周举止谦虚有礼，今后一定会做晋国国君的。"

后来，晋国国君死后，大家都想到远在周朝的晋周，就欢迎他回来做了国君，成为历史上的晋悼公。

晋周作为一个毫无条件争当太子的王子，仅以谦虚的美德，便征服了国内外几乎所有有权势的人，最终被推上了王位，可见谦虚的力量有多么巨大。

许多人并不看重谦虚的美德。事实上，谦虚是一种积极有力的特质，只要妥善运用，就会使人在精神上、文化上或物质上不断地提升与进步。

在现实生活中，不论你想要取得什么样的成功，谦虚都是必要的品质。在你到达成功的顶峰之后，你会发现谦虚的重要，因为只有谦虚的人才能得到智慧。

再好的朋友也不能好过头

有人以为，作为好朋友就应该有福同享，有难同当。其实不然。好朋友见面和交往的机会虽然比其他人要多，可是任何事都有个"度"，超越这个度你得到的就是相反的结果。

小雷与吴瑞是同一宿舍的好友，也是因为住在一起才成为朋友的。他们戏称宿舍是他们的家庭，所有的东西都没有"标签"，甚至工资也混在一起，两人为这种关系骄傲，别人的眼里流露的也是羡慕的目光。不久，吴瑞有了女友，经常出去逛逛商场，吃顿饭，于是两人的合作经济出现了危机。起初，吴瑞觉得没什么，小雷也不在乎，后来吴瑞提出实行 AA 制，小雷考虑再三同意了。

但后来，还是因为不习惯而放弃了。事有碰巧，一天小雷的母亲病了，当小雷回宿舍取钱时，面对的都是空空的抽屉，小雷不由地问吴瑞："钱

· 119 ·

哪儿去了，工资不是才发了 3 天吗？"吴瑞说："为女友买了条项链。"小雷无言地离开了。他在别人那里借了钱为母亲看了病。两人的友谊出现了裂痕，有一天，两人提及此事，大吵了一架，不得已分开了。

两人的 AA 制，如果不因感情的冲击而放弃，那么他们的友谊也不致破裂。

试想，如果当初交往过密还表现在另一个很重要的方面，占用朋友的时间过长，把朋友捆得紧紧的，使朋友心情不能轻松、愉快。

林颖把王怡看成比一日三餐还重要的朋友，两人同在一个合资公司做公关小姐，由于劳动纪律非常严格，交谈机会很少。但她们总能找到空闲时间聊上几句。

下班回到家，林颖的第一个任务就是给王怡打电话，一聊起来能达到饭不吃、觉不睡的地步，两家的父母都很反对。

星期天，林颖总有理由把王怡叫出来，陪她去买菜、购物、逛公园。王怡每次也能勉强同意。林颖可不在乎这些，每次都兴高采烈，不玩一整天是不回家的。

王怡是个有心计的姑娘，她想在事业上有所发展，就偷偷地利用业余时间学习电脑。星期天，王怡刚背起书包要出门，林颖打来电话要她陪自己去裁缝那里做衣服，王怡解释了大半天，林颖才同意王怡去上电脑班。可是王怡赶到培训班，已迟到了15分钟，王怡心里很不痛快。

第二个星期天，林颖说有人给她介绍了个男朋友，非拉着王怡一起去相看，王怡说："不行，我得去学习。"林颖怕王怡偷偷溜走，一大早就赶到王怡家死缠活磨，王怡没上成电脑班，最终林颖的男朋友也吹了。王怡郑重声明，以后星期天要学习，不再参加林颖的各种活动。

林颖一如既往，满不在乎，她认为好朋友就应该天天在一起。有时星期天照样来找王怡，王怡为此躲到亲戚家去住。这下林颖可不高兴了，她认为王怡是有意疏远她。林颖说："我很伤心，她是我生活中最重要的人，可她一点也觉察不到。"

其实，林颖的主要错误在于她没有觉察到朋友的感觉和想法，过密的交往几乎剥夺了王怡的自由，使王怡的心情烦躁，不能合理地安排自己的生活。林颖早已主动与王怡疏远了，可是她又惊奇地发现，她们的友谊反而更加深厚了。

总之，维持朋友间亲密关系的最好办法是往来有节，互不干涉，这样友谊才能地久天长。如果以为朋友之间什么都可以互通有无，习惯成自然，便会在无形之中摧毁相互的感情。

想有朋友，就先抛弃孤僻

所谓孤僻心理是指不愿与人沟通的习惯。按照有的心理学家的观点，人际交往包括：交际、感应、知觉三个侧面。所谓交际交往，也就是人际间的信息交流；所谓感应交往，也就是人际间的情感影响；所谓知觉交往，也就是人际间的认知理解。而孤僻的习惯对人际交往这三个方面都有障碍。

就人际交往的认知理解来说，孤僻的习惯也是彼此心灵沟通的绝缘体。社会心理学认为，每个人在社会上，在群体中都扮演一定的角色，人际交往就其社会心理发展过程来说，实际上就是角色认知和认同的过程。认同的程度是和被认同者为交往对象所理解的程度成正比的。有的性格孤僻者，虽然人品并不错，但由于他们不愿意，更不善于同群体中的其他人发生信息、感情和思想上的沟通，这样，他们所扮演的角色在他人眼中总带有一种不可知的成分，角色认同的过程就进行得十分缓慢。一般说来，人与人相处，总希望获得一种安全感，总有一种既能为别人理解，又能理解别人的愿望，而人际间的理解是离不开交往双方在信息、感情和思想上的沟通的。没有这种沟通，理解就成了缘木求鱼、纸上谈兵。

孤僻心理的形成大致有以下两种情况：一是自幼生活在缺少父（母）爱和理解的环境之中，养成了寂寞独处的习惯，久而久之，就形成了孤僻的个性；二是某件意外事件的重大打击，造成了心理上的自我封闭，以致逐渐形成了孤僻的性格。

其实，人人都可能有孤独的时候，但并非人人都能够战胜自己的孤独感。一位心理学家认为，真正的孤独，往往产生于那些虽有肉体接触，却没有情感和思想交流的夫妇。事实上，不管你是已婚或是未婚，也不管你是置身于人群，或者是独居一室，只要你对周围的一切缺乏了解，和你身处的世界无法沟通，你就会体会到孤独的滋味。

战胜孤独的秘诀何在呢？

第一，要有克服孤僻心理的愿望。一个人的孤僻性格固然与人的气质即神经系统类型有很大关系，但性格的形成主要还是由于后天环境的影响，因此，有孤僻心理的人自己要有克服这一心理障碍的愿望。你的愿望越强烈，行为也就越自觉，效果也就越明显。

第二，要努力创造克服孤僻心理的条件。在开始阶段，不能寄希望于他人的主动、热情，而要自己首先开展同自己关系比较接近或者不很疏远的人的交往，然后再逐步向前发展。

第三，要战胜自卑。因为自觉跟别人不一样，所以就不敢跟别人接触，这是自卑心理造成的一种孤独状态。这就跟作茧自缚一样，要冲出这层包围着你的黑暗，你必须首先咬破自卑心组成的茧。其实，大可不必为了自己跟别人不一样而忧思重重，人人都是既一样又不一样的。只要你自信一点，钻出自织的"茧"，你就会发现跟别人交往并不是一件难事。

第四，要与外界交流。独自生活并不意味着与世隔绝。对一个长年在山上工作的气象员说，他常常感到有必要把自己的思想告诉人家，可是他的身边却没有人可以倾诉，所以他就用写信来满足自己的这一要求。

当你感觉到孤独的时候，翻一翻你的通信录，也许你可以给某位久未谋面的朋友写封信；或者，给哪一个朋友挂一个电话，约他去看一场周末上映的电影；或者是，请几位朋友来吃一顿饭，你亲自下厨，炒上几个香喷喷的菜，这都别有一番情趣。

第四章

感情老受挫？

肯定是这些习惯在作祟

你还在低估身边的女性吗

女人的智力比男人低，这种世俗习惯在我国存在的历史已经很久，甚至在现代社会依然存在，特别是农村，给生活在这种家庭中的女性套上了无形的精神枷锁，禁锢着女性的智慧，使她们难免自暴自弃。

20世纪90年代末，在湘西某山村小学。一天，学校来了一位家长，她一只手领着一个男孩，另一只手领着一位比男孩大一些的女孩，找到班主任和校长，向校长哀求道："校长，我们这个丫头不是留级了吗，您看能不能让我儿子替他姐姐留级，多上一年。女孩子本来就不行，让她多上一年学，不是白白耽误一年吗？我知道，丫头天生就笨。"她的一席话自然让校长和老师们哭笑不得。

诚然，男女生理特征存在着一些差异，但这决不意味着女人的智力低于男人。虽说女孩子青春期到来一般比男孩子早两年左右，身体的迅速成长比男孩子早，心理发育也比男孩子早。但统计表明，智力的发展是随着身体的发展而发展的，所以女孩子的智力发展也比男孩子早。再如，眼睛是头脑最为重要的信息输送渠道，一些资料介绍，人脑接收的信息 80% 是靠眼睛取得的。然而有关科研资料表明，男性的辨色能力总体不如女性，男性色盲的人数比女性高 10 倍左右。有人对婴儿观察发现，婴儿降生以后不久，女婴就开始对某些声音，特别是母亲的声音较为敏感，如果母亲发出的声音位置有所移动，女婴很快就有反应，而男婴则往往察觉不到这些变化。女孩 5 个月能从相片上认识熟悉的人，而同样大的男孩子却很难做到。女孩子比男孩子说话早，掌握的词汇也更丰富，还有，女孩的语言表达能力比男孩更强。

近年来，我们还经常听到一些省、市、地区的高考状元是女生的消息，充分说明女性有着同样发达的智力。也许有人会说，为什么在有作为、有贡献的科学家、政治家、企业家中男性比女性多呢？这是由于历史条件、社会分工、观念等多种因素造成的。

虽然在如今的社会里，像前面提到的那位母亲已成为笑话中的人物，但重男轻女的传统观念和习惯仍在许多人的意识中深深地存留着。有些父母对男孩严格要求，不惜花费时间和精力培养教育，寄予厚望。对于女孩，从一降生父母就感到大失所望，在学业的要求和未来职业的选择上，持任其发展的态度，为女孩的进步和前途设置了无形的障碍。随着社会文明的发展，女性的社会地位越来越高，女性发挥聪明才智的领域也在不断扩大。父母们应从根本上为女孩子扫清社会意识上和孩子心理上的障碍，让她们信心百倍地面对一切，面对未来。

总之，过去那种"女性智力天生就比男性偏低"的观念和习惯，一直都是禁锢女性的枷锁。作为一个现代社会中的男性或女性，应将它抛弃。

家和办公室是两个地方

对于每一个人来说，事业与家庭是人生的两大支柱。然而，这两个支柱之间，却往往存在着许许多多的矛盾。要正确处理家庭和事业的矛盾，得养成一个良好的习惯，那就是：不把工作带回家。

不把工作带进家，意味着你不把烦恼带回家，这样可以使自己的家庭生活和谐快乐，反过来更加有力地推动事业发展。

各种研究表明，在当今社会，25％～40％的人认为工作压力太大，有56％的人的配偶因此也跟着倒霉。心理学家认为，压力是一种极具传染性的东西，除非采取措施，否则它可能会破坏婚姻生活。配偶的某些工作状况的变化，如在工作中的职责变化——升迁、降级、责任增大——一般会在心理上给另一方造成深刻影响，加重另一方的压力。而且大多数时候来说，另一方处境更不容易，因为他（她）只能在一旁干着急。如果协调不好，夫妻之间最终会有对抗的一天，你的另一半也许会埋怨你没有把家放在首位。

现今社会节奏快，家庭里的每个成员为了给自己生活一个保障，都把时间花在进修或工作上，所以跟家人相处的时间就减少了。在这种情况下，每个家庭成员更要积极争取与家人相处的时间。要知道，"有没有钱并不能衡量你是不是成功的人，你要在能力范围内去做，不能因为别人有大洋房住你也要。因为洋房里的温暖，不是由里面的那些砖块拼成的，而是由家庭成员去共同营造的"。

生活中的确有苦恼，我们也可以向家人诉说，但却不能把苦恼全部转移到家人的身上。要知道，家是你温暖可靠的后方，我们应该用心呵护它。当你工作了一天，打开家门的时候，就应该把工作中的不快乐拒之门外，带一份好心情回家。

不把工作带进家，意味着你可以在家庭的温暖中使自己得到充分的休息，以更昂扬的姿态投入明天的奋斗。人生幸福的大部分内容是家的温暖，有一个幸福的家，我们的人生就可以如天上的那轮明月圆满而无憾。

年轻时我们并不看重家。那时我们个个怀有凌云壮志，如老师、父母所期望的那样，当科学家、作家，如果那时有人觉得下班后和妻子手牵着手去买菜是人生的大乐趣，我们必会笑他平庸甚至庸俗。

当岁月的风霜使我们的脸布满沧桑，当世事的艰难使我们的眼神不再清澈，当人生的坎坷使我们的心已千疮百孔，当我们闯世界疲惫归来却依旧是空空的行囊，我们终于明白了一个再简单不过的道理：事业辉煌仅靠聪明努力远远不够，它需要天时、地利、人和，以及命运的垂青，只有极少数人能事业成功；甚至能做一份自己喜爱的工作的人也不是很多；绝大多数人，不过是为了谋生做着一份自己并不喜欢的工作；我们能拥有的仅仅是身边的这个家。不管丑的俊的，不管得意或失意，不管君子还是小人，生活给我们最大的平等和恩赐是：每个人都拥有一个家；而我们能得到的人生幸福，实际上绝大部分来自我们的家。

在茫茫人海，能免除我们孤独的是家；在喧哗的尘世，能让我们片刻安宁的是家；在纷扰的争斗中，能给我们疗伤的是亲人。

是的，有一个幸福的家，我们的人生就有了80％的幸福；有了一个幸福的家，工作的烦恼就可以忍受，因为我们的忍气吞声和辛苦劳累都有了价值——要赚钱养家使我们所爱的人丰衣足食；有了一个幸福的家，凄风苦雨我们都不再害怕，因为只要奔回家，只要打开家门，就有了温暖和宁静……

心理学家们发现，近年来，中年白领的心理危机越来越多。这些有成就的人，对自己往往有着比一般人更高更完美的要求。同时，他们又处于一种竞争激烈的环境之中，故他们一旦遇到某种挫折，就意味着对自己那种"高标准、严要求"目标的否定。而此时所处的高位使他们难以找到可以倾诉和求援的知心朋友，负性情绪难以排解。因而事业上取得成就的中年白领，更容易发生心理危机，在工作上、事业上铸成严重错误或给幸福的家庭带来不幸。在这个时候，家庭的放松作用就更加明显地显示出来了。因此，您要切记：不要把工作带进家门！

家务是两个人的

在家庭生活中，家务是一项很烦琐的事务，所以干家务也是一种很辛苦的劳动。做饭、洗衣、打扫卫生……似乎永远有干不完的活。但现在的女性可不像从前那样足不出户，整日待在家中专事家务。她们早已成了社会活动中的一个重要角色，她们需要工作、需要社交，当然也就不可能包揽所有家务。她们非常希望自己的丈夫能为她们分担一部分家务，以减少生活带来的压力。但有不少做丈夫的，还抱着传统的习惯，把一切家务都推到妻子身上。他们虽然也知道男女平等，但从不让这种平等体现在干家务上。归根结底，他们还是不爱干家务。

摊上了不爱干家务的丈夫，做妻子的该怎么办呢？笔者认为妻子应适当地忍耐。夫妻之间的关系非同一般，不可用一般的尺度去衡量。尽管丈夫有一些不足之处，可能是懒一些，家务干得少，但做妻子的不要过于计较。不要用"男女平等"这类大字眼去衡量或解释家庭中的一些小事情。否则，很容易伤害夫妻之间的感情。

另外，这种"忍"从一方面看似乎是有所吃亏，但从另一方面讲却是有所增益。简言之，这种在家务活承担量上的大小与在家庭中的权力的大小是成正比的。也就是说，你干得愈多，你在家中的权力也愈大、地位愈高；你干得愈少，相应的权力也小、地位也低。

在现实的家庭生活中，人们常常可以观察到这样的现象：那些在家里经常干家务活的妻子，她常常可以很随便地指使丈夫去做点什么，而且，对于家里的某件事、某个决策，也拥有较多的权利，包括买点什么东西、添置什么家电设备等等。而且，在这样的家庭中，当丈夫的似乎也很愿意听从妻子的指使和安排，通常也不会有太大的反对意见，为什么会这样呢？

这些情况关键在于一种潜在的补偿关系。一方面，妻子在承担了大部分的家务之后，便很自然会形成一种这个家实际上是由自己在主持的感觉。这样，一种责任心便油然而生，在这种习惯的驱使下，她很自然地会主动地对家里的工作做一些必要的安排和决定；另一方面，做丈夫的由于在家里承担的义务较少，也常常会感到自己没有对家里尽什么责任，而且妻子还把自己的生活料理得有条不紊。也就非常容易接受妻子的安排和指派。

事实证明，光有忍耐也是不够的，做妻子的还应该主动采取一些措施，改变丈夫不爱干家务的习惯。但是，这需要一个前提，那就是夫妻感情要好。否则，妻子即使做出努力也不会见效，说不定还会引起反作用。如果夫妻感情有所欠缺，应在首先加深夫妻感情的基础上，再采取措施改变丈夫不爱干家务的习惯。改变的办法有几种，总的宗旨是：遵守"愉快改变"的准则，任何一种办法都不可引起丈夫的反感。

例如，经常称赞丈夫的每一个优点，让他感觉你很欣赏他、尊重他，使他完全撤掉对你的心理防线，乐于接受你的建议。在这样的情况之下，你可以试着提出你对他的家务要求，提要求的方式最好是间接的、婉转的，避免采用命令形式。如有时可在交谈中隐晦地表达你的要求："我知道你很爱我，我真幸福。要是我很忙的时候，你能帮我一把，那我就是世界上最幸福的女人了。"一个爱妻子的丈夫几乎都愿意让妻子幸福，他可以从中感受到做丈夫的自豪，因而有意识地将他往这条路上引，丈夫们多半会不知不觉入"圈套"。

从小事开始引导，称赞最微小的进步。这一条对任何家务都不爱干、不会干的丈夫来说，尤其重要。如果你成功地引导他干了一件小的事，比如擦桌子，你也应立刻赞扬他桌子擦得真干净。这种诚以嘉许、宽以称道的方式，会使他在受到甜丝丝的鼓舞之后，大大激发做家务的热情。即使他干得不如你意，你也千万不要指责、唠叨，否则他很可能再也提不起干家务的兴致。

同时，可以根据丈夫的兴趣、爱好，让他干比较贴近他兴趣的事。比如许多男性都对电器、电路之类有兴趣，那么，把家里有关电器的维修、电灯的安装等承包给丈夫，是人尽其才的好办法。又如丈夫比较有美术修养，喜欢装潢之类，就可把家庭布置的任务放手交给他，由此收拾房间的事也就捎带着归他了。这种非常自然的分工一旦被丈夫接受，做妻子的就要善于放手，不可干涉他的主张。即使你有不同的意思，也要委婉地提出你的方法，和他商量。

另外，做妻子的可对家务劳动实行适当简化、科学安排的策略，使其不至于成为一项过分繁重的负担。家务事本是可大可小，可多可少的，同是三口之家，有的家庭每天用于家务的时间不过两小时，有的家庭却要四五个甚至七八个小时。这种状况的形成大部分取决于对家务的要求。有的妻子对此要求太高，对家庭的清洁度、对饭菜的质量等等都过于严格，往往导致家务的膨胀，有的丈夫对妻子的苛刻难以理解继而袖手旁观。所以，改变家务标准，不但有助于减轻家务负担，更能促使丈夫在心理上乐意分担家务。在安排家务上努力做到科学、合理，是另一良策。利用机械化自不必言，集中精力打歼灭战也是个好办法。洗衣可每周一次，稍微花点钱买几套内衣，可省却许多麻烦。打扫房间也可定期。和丈夫订个协议，夫妻每周用两小时共同打家务歼灭战，合理分工，互相协助，边干边聊，亦不失为增进夫妻情感交流、解决家务负担的有效方法。另外，充分利用家务时间的每一分钟，尽快干完家务也是提高效果之途。如开着洗衣机打扫房间，坐上饭锅再择菜等等。

凡此种种，都在于一个目的：尽力减少家务劳动的时间，减轻家务劳动的强度，以腾出更多的精力从事工作和其他活动。否则，终日被家务所累，难免心绪恶劣，滋生抱怨情绪。如此一来，非但对丈夫的"愉快改变法"难以实施，恐怕还会殃及夫妻关系。所以，明智的妻子自应选择以上明智之举。

你的溺爱其实是一种恶习

生活中，父母疼爱儿女是天性，无可厚非，只是不宜过分，达到溺爱的程度，就不好了。中国的古籍《礼记·大学》上说："人莫知其子之恶。"这并不是说，所有的父母都看不见自己孩子的短处，只有那些溺爱孩子的父母才不知道。之所以说溺爱不好，不是指其本身而言，而是说它造成的恶果。

受害人可以涉及三方面，甚至影响后代，还要对社会构成危害。所谓三方面，是指害了孩子，父母本身，以及孩子的配偶。溺爱孩子的父母有的竟成为是非不分，赏罚不明，有求必应，言听计从的家长。只要是孩子做的事，没有不对的，包括孩子做了坏事。例如生气时破坏公物，打破玻璃，父母不但不予责备，反而认为孩子有个性，还买东西奖励他。他要什么都答应，他想要做什么，总是顺从他的意思去做。孩子就是一家之主，一切依从孩子的旨意行事，譬如孩子要看电影，父母无论怎样忙碌，怎样疲劳，都要陪孩子去看。

孩子生气时可以把父母骂得狗血喷头，父母不但不责骂，反而甘之如饴。等到来日恶习养成，父母想要加以矫正，但已经迟了。孩子如果受了一点挫折，竟要对父母怀恨起来，甚至说要杀死父母。父母把孩子当作上帝，当作宝贝，家庭中以他为至高无上，对他小心翼翼，唯命是听，自然要养成孩子妄自尊大、目空一切、任性乖僻、粗鲁莽撞的坏习惯，把礼貌和气完全抛弃，把抢夺甚至杀人也视为当然，不知世间有法律的存在。这样自然要影响他的习惯的形成。小时被父母溺爱的孩子，如果结了婚，配偶必然会受到虐待，成为第三个受害人。

父母对儿女疼爱就可以了，为什么一定要溺爱呢？他们的溺爱，到底是出于什么心理呢？据专家研究，不外乎有下列几种原因。

一、父母由于自我中心的意识太强，发展成为一种自私的观念

例如，孩子偷了别人的东西回家，父母并不责罚，内心认为自己的孩子都是好的，绝对没有偷盗的恶习，只是随手带回来的罢了。由于这种自私心理，对孩子犯的此过失，不再深究。久而久之，孩子养成了这种恶习。这是继承了父母的错误观念而来的，以后他的人格发展就会发生偏差。俗话说"小时偷针，长大偷金"，贼性就从小养成，根源于父母小时的溺爱，要什么就拿什么，不管是谁的。

二、过度的依存心理

对孩子过度依存不舍，便不免要对这种过分承诺，因而剥夺了孩子在人格形成中所需要接触的社会环境。有一个青年犯罪入狱，他的老祖母每天总是来探监。原来这青年自幼父母双亡，由祖母抚养长大。祖母对他溺爱得无以复加，把生命的希望完全寄托在他身上。那青年在这种环境中长大，人格发展自然发生偏差，结果犯罪判刑坐牢，祖母随时探监，正表现出她的依存心理，生活上少不了那青年人。

三、过度的补偿心理

许多母亲把孩子的某些缺点归咎于自己。例如，因疏忽孩子跌伤或被车撞伤，或因延误就医，让孩子留下耳聋、小儿麻痹等终生遗憾的后遗症，等等。还有根本两不相干的，竟有把小孩子出生时被铗子夹伤，归咎于自己的难产；把小孩子的体弱多病，归咎于自己的愚笨。这类的心理作用，使做母亲的产生一种罪恶感。为了对孩子补偿，不但加倍给予疼爱，而且对孩子的过失都不忍心加以纠正，不知不觉中孩子就被宠坏了。

还有母亲因某种理由不能亲自抚育孩子，只好交给别人去抚育，等以后带回家来，无法建立和孩子的感情。孩子得不到正常的母爱，性格变得乖僻。父母过度的补偿心理，因而造成对孩子的溺爱。

总之，父母要避免溺爱，唯有牢记圣经上说的："没有管教，就不是爱。"

救孩子之前父母要先自救

孩子是父母相爱的结晶，是父母延续生命的产物。因为"孩子是我的"，做父母的便像燃烧不尽的太阳一样，把全部的光和热倾注在孩子身上，也把理想和希望寄托在孩子身上。孩子以他们幼小纯真的心灵接受的父母的这份爱，使他（她）们感受到了父母的辛勤和伟大。

16岁的英英说："我知道爸妈很爱我，尤其是妈妈，举一个例子，平时我最爱吃鸡腿，妈妈便总做给我吃。可我发现，每次妈妈只吃我剩下的鸡皮。我问妈妈为什么，她说，她就爱吃鸡皮。暑假，我在一家餐馆打工，我用自己第一次挣的钱给妈妈买了一大兜鸡皮，妈妈见到后，迷惑地问：'这是干什么？'我兴冲冲地对她说：'您不是爱吃鸡皮吗？这是我孝敬您的。'妈妈看了看我，一句话也没说，然后趴在桌上哭了。现在我可能还不能理解妈妈当时的感情，但我懂得，妈妈为我付出的是她自己的一切。"

17岁的浩浩说："我在小学，到底上过多少课外活动班，已经数不清了，我一说学烦了，爸妈就给我换一个，除了手风琴，我一门也没学出名堂来。记忆最深的，倒是爸爸妈妈为我受了很多罪，搞得家不像家，人不像人，他们每天接我送我时就像接力赛跑，看到他们疲劳的样子，我就想：当父母太累了，我要是长大了，一定不要孩子，不受这种罪。"

其实，就是因为"孩子是我的"，父母才觉得自己必须尽到教育和培养的责任，他们铭记着祖宗的遗训："养不教，父之过。"他们明白宠爱不是唯一的教子之路，像一棵小树成材一样，光给施肥浇水倾注营养是不够的，还得需要拿剪刀经常修剪那旁逸斜出的枝丫，即在物质供养的同时，还要保障他们的精神的需要。但有的父母却说是："我不缺你吃，不缺你穿，你得老老实实地听我的话。"

他们想，这就是他们对孩子的教养，这就是爱。可是他们爱着爱着，便"爱"过了头——像看贼、审贼一样地管束着孩子。终于有一天，爱与被爱像一对仇敌一样对立起来了。

17岁的王洁说："我妈妈总是说她有多爱我，比如因为要抚养我她不能安心工作，等等。她总是说自己如何为我牺牲一切，却不知我也为他们牺牲了很多。我已上了中学，有了自己的想法，但在父母面前却要装出乖样子，不敢暴露任何'不妥'的思想，连看国际新闻也不敢'挺狂'地说三道四，不然爸妈就会轮番'做报告'或者训斥，'小孩子懂什么！'每到这时，我都不再吭气。我没有一个真正理解我的朋友，心爱的日记早已不属于我个人。为了对付爸妈，我准备了两个日记本，一本专写豪言壮语，是给他们看的，另一本才是我的心声。"

18岁的小红说："今天，妈妈打了我，好狠啊！我就坐着不动，张着大嘴哇哇哭，泪如雨下。妈妈太不讲理，不允许说她有错，否则就是不孝。父母太可怜，他们爱孩子，却不懂得怎么爱。有时他们打我，我真想死可又缺乏勇气，现在我才明白，自杀并不是脆弱，死也得要勇气，像我这样，想死不敢死的人才是可悲的！"

14岁的小洋也发表了自己的看法："父母对孩子的管束我可以理解，但他们太过分了！我越来越讨厌他们。比如，我喜欢听歌，也喜欢某个明星，父母就使劲在我面前糟改他们，什么'奶油味'之类，企图把他们从我心里轰出去；最不能容忍的是，他们发现我有两盘新加坡男歌星的光盘，发现我在同学录上'最想去的国家'一栏填的是新加坡，竟骂我是'贱骨头'，我又生气又委屈，一个人跑到公园里哭了一场。一想到这些，我就难过极了。"

看到孩子们如此桀骜不驯，这回终于轮到父母们惊呼了：了不得了！我没有这样的孩子，他不是我的孩子！

一项由《中国妇女报》组织实施、中国社会科学院新闻研究所策划并执行的公众调查显示，全国家庭中有近6 000万对父母坦言：自己是失败的家长。

一位母亲在来信中沮丧地说："在教育孩子上，我是个失败者。如果有来生的话，我就不要孩子了。"

一部分父母感到与孩子有隔膜。主要表述为：我和孩子没有什么共同语言；我不知用什么方法和自己的孩子交流；我不了解，也搞不懂现在孩子感兴趣的事情；我对孩子的期望与孩子自己的追求不一致。家长们在信中更详细地叙述了教育方法方面的困惑。内蒙古一读者写道："再用20世纪70年代的道德去教育他们恐怕是不行了。但怎么教他们认识社会，培养适应社会的能力，我感到力不从心，无从下手。"

在孩子与父母之间，爱和被爱产生的效果并非全是积极的，有时爱也会导致隔膜，发生误解。这种误解往往会使双方的感情因为爱而沉重起来。记得一位历史学家说过，保障给人的心理压力，常常大于人在恶劣环境中所承受的压力。爱，有时成了一种枷锁。

　　如果说，20 世纪 80 年代，关于"小皇帝"的警钟打破了父母对孩子过分的物质保障，那么今天是否还要进一步打破精神的习惯保障？如果说 20 世纪 90 年代，人们从观念上已经认可了孩子作为个人的权利和尊严，那么，为何到了行动的时候却又不自觉地回到旧有的习惯中呢？

　　有位学生问得好："爸爸老说他们是新中国的建设者，好像我们就是享受者，难道我们就不是建设者吗？"

金钱不是万能的

总听人说金钱不是万能的，但没钱是万万不能的。挣钱是为了使自己生活得更好。所以钱不是神，而是仆。有钱人比别人更方便，所以富贵人家对人应该宽厚，如果反而更苛刻，那么虽然身处富贵中，其行为却和贫贱的人一样了，这种富贵怎么能够长久呢？所以有钱，相对容易；做个有修养的有钱人却很难，因为言行要与身份相称，思想要与地位相符。否则，有失身份，有损形象，这都会影响自己的发展，还不如没有钱活得痛快。

唐代中叶德宗时，王锷是个赳赳武夫，凭着血气之勇打了几次胜仗，最后一步一步官至岭南节度使。此公生性吝啬贪鄙，凡是他经手的工程建设，哪怕琐屑小事也要躬亲，不过，这完全不是出于对工作的谨慎负责，而是怕肥水落入外人田。每次公家设宴请客的剩菜剩饭，他要么自己全部兜回家，要么全部当下卖掉，反正不白白便宜了手下的人。

· 145 ·

跟随他多年的一个旧友，看到他这样富贵了还见钱忘命，便善意而又委婉地对他说："你要把身外之物看淡一点，对于金钱要有聚有散，好让社会上知道你重义不重财。"过几天后那位旧友又去见王锷，王锷十分诚恳地对他说："前天你的劝告太及时了，我已按你的意思把钱财散了。"

王锷说："我的每个儿子各人分得万贯，每个女婿各人分得千贯。"

听到王锷的回答，那位老友两眼睁得又大又圆，心里暗暗地说："原来如此！"这种方法最后的下场会很可悲。因为，留给儿孙的家业太多了，反而养成了他们不想自食其力的懒惰。

钱财过多未必一定是好事，聪明人的钱财多了，就失去了进取向上的斗志；愚蠢的人钱财多了，就会干更多的蠢事和坏事。是呀！钱财是身外之物，没有它自然不能生活，但过多又成为自己的累赘，这就像一个人的十个指头，没有十个生活不方便，超过了十个就成了负担。财多必害己，多藏必厚亡。

清朝山西太原有一个商人，生意做得很红火，长年财源滚滚，虽然请了好几名账房先生，但总账还是靠他自己算，钱的进项又多又大，他天天从早晨打算盘熬到深更半夜，累得他腰酸背痛头昏眼花，夜晚上床后又想到明天的生意，一想到成堆白花花的银子又兴奋激动。这样，白天忙得不能睡觉，夜晚又兴奋得睡不着觉。这老头患上了严重的失眠症，老头隔壁靠做豆腐为生的小两口，每天清早起来磨豆浆、做豆腐，说说笑笑，快快活活，甜甜蜜蜜。墙这边的富老头在床上翻来覆去，摇头叹息，对这对穷夫妻又羡慕又嫉妒。他的太太也说："老爷，我们这么多银子有什么用，整天又累又担心，还不如隔壁那对穷夫妻，活得开心。"

老头早就认识到自己还不如穷邻居生活得轻松洒脱，等太太话一落音便说："他们是穷才这样开心，富起来他们就不能了，很快我就让他们笑不起来。"说着，翻下床去钱柜里抓了几把金子和银子，扔到邻居豆腐房的院子里。

这对夫妻正在边唱边做豆腐，忽然听到院子里"扑通""扑通"地响，提灯一照，只见是闪闪的金子和白花花的银子，连忙放下豆子，慌手慌脚地把金银捡回来，心情紧张极了，不知把这些财富藏在哪里才好，藏在房里怕不保险，藏在院里怕不安全。从此，再也听不到他们说笑，更听不见他们唱歌。邻居富老头和他太太开玩笑说："你看！他们也再笑不起来，唱不起来了吧！早该让他们尝尝富有的滋味。"

别把怒气带到生活中

生活当中，人们有时对一些不公平的事表示愤怒。然而大怒之下，往往会导致身心受损。怒气在胸，就会有种不明的压力，使你情绪不稳，心神不安，整天恍恍惚惚。在这种精神状态下，不仅工作、学习效率大大降低，还有可能出现差错和事故。

小王一次因家务事，与丈夫发生争吵，由于语言过激，两人互相打斗起来。小王一怒之下，背过气去，丈夫见此状急忙收手，马上惊呼救人。小王在众人一阵手忙脚乱的掐人中、撸胸口、捶后背的救治下，总算缓过这口气来。可是她落下了终身都无法治愈的毛病，手脚抖动，给自身及家庭生活造成了意想不到的危害和不便，以至后悔莫及。

俗话说：气大伤身后悔迟。像小王这样无节制地动怒，给自己招来无妄之灾，岂不晚矣。

现代医学认为，人在发怒时，体内的肾上腺素含量显著增高，交感活动性物质增加，诱发肾素—血管紧张素增加，促使小动脉收缩痉挛，致使血压升高。同时，发怒时会使人体内去甲肾上腺素含量增高，会导致心跳加快，耗氧量增加，冠状动脉痉挛，心肌缺血，心绞痛，心律失常等。愤怒还可以使人的食欲降低，消化不良，出现消化系统功能紊乱。

发怒既对身心有害，那么是不是一定要把怒火压在心底呢？当然不是。

发怒固然有损健康，但怒而不泄同样对健康无益。英国一位权威心理学家认为，积贮在心中的怒气就像一种势能，若不及时加以释放，就会像定时炸弹一样爆发，可能会酿成大难。正确的态度是疏泄怒气，适度释放，如找知己好友无所顾忌地倾诉，可将心中的不满坦率地讲出来；写信、写日记，使怒气在字里行间得到排解。

还可到室外打球、跑步、爬山、呼吸新鲜空气，让怒气与汗水一起流淌出来；亦可通过情绪转移的方式，或埋头工作，或欣赏音乐、戏曲，以求得心理平衡。

学会排解愤怒，也是道德修养的表现。养身贵在戒怒，戒怒就是养怡身心，尽量做到不生气、少生气，思想开明，心胸开阔，宽宏大量，宽厚待人，谦虚处世。

这样不仅有益于身心健康，也利于提高自己的道德修养和思想水平，于人于己都会有益而无害。

容易动怒的人，光知道如何排解怒气还是不行的，最主要的是如何让自己制怒，学会让自己尽量不发脾气，不轻易动怒，才是上策。这就要有一颗包容的心，事事宽解为怀。

宽容是一种修养，也是一种风度。以海纳百川的胸怀宽以待人，才能让自己心态平和，心胸开阔，心里永远充满阳光。

该知道如何对待自己易怒的情绪了吧！遇事冷静是根本。遇到不如意的事，尽量通过别的途径去解决，动怒不光于事无补，反而对己有害，何苦呢？

还是让我们以平和的心境来对待生活中繁杂的事情吧！小心别伤害了自己，只有健康才是生活的本钱。有了无法避免的怒气，学着适度地释放它，不要自我封闭。有时为缓和四处蔓延的紧张气氛，我们首先应该降低生活步调，使心情恢复平静，不再焦虑暴躁，保持稳定与和谐。

　　曾经有位医生在替一位企业家进行诊疗时，劝他多多休息。这位病人愤怒地抗议说："我每天承担巨大的工作量，没有一个人可以分担一丁点儿的业务。大夫，您知道吗，我每天都得提一个沉重的手提包回家，里面装的是满满的文件呀！"

　　"为什么晚上还要批那么多文件呢。"医生诧异地问道。

　　"那些都是必须处理的急件。"病人不耐烦地回答。

　　"难道没有人可以帮你忙吗？助手呢？"医生问。

"不行呀！只有我才能正确地批示呀！而且我还必须尽快处理完，要不然公司怎么办呢？"

"这样吧！现在我开一个处方给你，你能否照着做呢？"医生说道。

这病人听完医生的话，读一读处方的规定——每天散步两小时；每星期空出半天的时间到墓地一趟。病人怪异地问道："为什么要在墓地待上半天呢？"

"因为……"医生不慌不忙地回答，"我是希望你四处走一走，瞧一瞧那些与世长辞的人的墓碑。你仔细思考一下，他们生前也与你一样，认为全世界的事都得扛在双肩，如今他们全都长眠于黄土之中，也许将来有一天你也会加入他们的行列，然而整个地球的活动还是永恒不断地进行着，而其他世人则仍是如你一般继续工作。我建议你站在墓碑前好好地想一想这些摆在眼前的事实。"医生这番苦口婆心地劝谏终于敲醒了病人的心灵，他依照医生的指示，释缓生活的步调，并且转移一部分职责。他知道生命的真义不在急躁或焦虑，他的心已经得到平和，也可以说他比以前活得更好，当然事业也蒸蒸日上。

释缓生活的步调还要克服好操心。好操心不是一件好事，因为它能使我们心绪不宁，要克服好操心，可用以下方式：

（1）告诉自己，"操心是非常不好的习惯，凭着信仰的帮助，任何习惯我都能改变"。

（2）你因为常操心而变成好操心的人，若能相反地培养更强而有力的信仰习惯，就可以免除操心。以你的一切力量和耐性开始信仰吧！

（3）对于过去那些你会消极地谈论的事情，今后请开始以积极的态度去谈论，不论任何事都说得积极些吧！例如，不可说"今天将成为可怕的一日"，而应断言"今天将是辉煌的一日"；不要说"我不会去做那件事"，要断然地表示"我要去做那件事"！

（4）绝不可参加闷闷不乐的谈话，同时自己的言谈必须表现乐观，若以悲观的态度说话，将会使周遭的人都感染好操心的个性，所以要尽量谈些令人振奋的话题，改变压迫性的气氛，而使每个人都感觉到希望和幸福的存在。

（5）多与充满希望的人交朋友，特别是那些积极的、有信仰的及对创造性气氛有帮助的朋友，让他们围绕在你的四周，他们将会以积极的心态来鼓励你。

（6）须了解自己能够帮助很多人治疗他们好操心的习惯。帮助别人克服好操心，则你本身的心理就能获得更大的力量。

总之，要学会适度宣泄，宣泄是一种排解负性情绪的有效方法。找朋友倾诉或是干脆痛快地哭一场，快乐地过好每一天。

第五章

有这样的坏习惯，想要好工作都难

老这么粗心，工作能不出错？

在日常生活中，许多人办事鲁莽轻率，不精益求精，只求差不多。尽管从表面看来，他们也很努力、很敬业，但结果总无法令人满意。一位伟人曾经说过："轻率和疏忽所造成的祸患不相上下。"许多人之所以失败，往往就因为他们马虎大意、鲁莽轻率。

泥瓦工和木匠可能靠半生不熟的技术建造房屋，砖块和木料拼凑成的建筑有些在尚未售出之前，就已经在暴风雨中坍塌了。比如，在宾夕法尼亚州的一个小镇上，曾经因为筑堤工程质量要求不严格，石基建设和设计不符，结果导致许多居民死于非命——堤岸溃决，全镇都被淹没。医科学生因为没有花时间和精力好好为未来做准备，做起手术来捉襟见肘，拿病人的生命当儿戏。一些律师只顾死记法律条文，不注意在实践中培养自己的能力，真正处理起案件来也难以应付自如，白白花费当事人的金钱……

建筑时小小的误差，可以使整幢建筑物倒塌；不经意抛在地上的烟蒂，可以使整幢房屋甚至整个村庄化为灰烬。

因为事故致人残废——木装的脚、无臂的衣袖、无父无母的家庭都是人们粗心、鲁莽与种种恶习造成的结果。世界上每年因为"不小心"所造成的生命的丧失、身体的伤害和财产的损失，有谁能统计得清楚呢？由于疏忽、敷衍、偷懒、轻率而造成的惨剧在人类历史上无时无刻不在发生。

懒懒散散、漠不关心、马马虎虎的做事习惯似乎已经变成常态，这些人在学生时代就养成了心不在焉、懒懒散散的坏习惯。他们习惯于使用一些小伎俩，譬如用抄袭、作弊等手段来欺骗老师，蒙混过关。而当他们踏入社会后，就不可能出色地完成任务。外出办事总是延误，人们就会拒绝与他合作；与人约会总是迟到，别人会大失所望；办事时缺乏条理和周密性，思维一片紊乱，别人就会丧失对他的信任。更重要的是，一旦染上这种恶习，一个人就会变得不诚实，遭到他人的轻视——不仅轻视他的工作，而且会轻视他的为人。

一旦这种人成为领导，其恶习也必定会传染给下属——看到上司是一个心不在焉的人，员工们就往往会竞相效仿，放松对自己的要求。这样一来，每个人的缺陷和弱点就会渗透到公司，影响整个事业的发展。如果他是作家，文章必定漏洞百出；如果他是一个管理者，部门工作必定一塌糊涂。

美国芝加哥因工作疏忽大意造成的损失，每天至少有100万美元。该城市的一位商人曾发表言论说，他必须派遣大量的稽查员，去各分公司检查，才可能制止各种马虎行为。虽说在许多员工眼里有些事情简直是微不足道，但积少成多，积小成大，一些不值一提的小事很可能就会影响他们在老板心目中的形象，影响他们的晋升。

无论做什么事，如果都能达到至善至美的程度，这样不仅能提高工作效率和工作质量，也能培养高尚的人格。

比如，一个在美国管理上千名员工的经理，他以前不过是一家家具店的学徒工。在当学徒时，他常常仔细琢磨每一道工序。"不要在这件事上浪费时间了，它是毫无价值和意义的，查理！"他的老板常常对他说。可他一有空闲，就琢磨修理家具，很快就熟练地掌握了修理家具的精湛技术。认真仔细的习惯，甚至连店主都觉得有些过分。但正是这种良好的习惯将这位年轻人推上了一个又一个重要的位置。

"拖延癌"晚期？再不抢救就完了

在社交活动中，对人对己，都不应该养成拖延的习性。有些人总是在约会的时候迟到，而且总是有很多的理由来解释："对不起！我实在太忙了。"

这种解释其实一点也不合情理，既然忙就不要和他人约定，即使是临时有事也要事先联络。首先以忙为理由就是不合理。你这么忙既不是对方的责任，也不是对方要求你要这么忙，而你却完全只站在自己的立场说话，只想到自己方便与否，却没有为对方着想。像这样任意妄为全然不顾对方的立场，让对方等待数十分钟就等于是使对方在无形之中蒙受了损失，这简直是侵占对方的时间。不论你侵占的是对方的物品或是金钱、时间，对方都同样是受到了损失。

何况在这个分秒必争的社会，时间就是金钱，时间就是生命。侵占他人的时间简直就是谋杀行为。所以在与他人交往的时候，务必不要侵占他人的时间，这样才称得上是尊重他人的表现。

拖延是现代人的一大忌讳。不论这个人多么有才能，但却老是若无其事地约会迟到，久而久之大家就都认为他是一个言而无信的人，自己说的话都做不到，拜托他的事就更别提了。而同样，有的人则常常在"我正在考虑""我正在准备""我正在等候时机"等的借口下，放任岁月流逝。

这就像当我们自己还是一个小男孩的时候我们对自己说，当我成为一个大男孩的时候，我会做这做那，我会很快乐；而当我们成为一个大男孩之后，我们又说，等我读完大学之后，我会做这做那，我会很快乐；当我们读完大学之后，我们又说，等我找到第一份工作的时候，我会做这做那，我会很快乐；当我们找到第一份工作之后，我们又会说，当我结婚的时候，我会做这做那，我会得到快乐；当我们结婚的时候，我们又会说，当孩子们从学校毕业的时候，我会做这做那，并得到快乐；当孩子们从学校里毕业的时候，我们又说，当我退休的时候，我会做这做那，并得到快乐。当我们退休的时候，真正步入了我们的晚年，我们看到了什么？我们只看到生活已经从我们的眼前走过去了。

生活中最可悲的话语莫过于："它本来可以这样的""我本来应该""我本来能够""如果当时我怎样怎样该多好啊"，生活不是开玩笑，从来就没有虚拟语气的说法。我们之所以会把问题搁置在一旁，最主要的原因就在于我们还没有学会对自己的人生负责任，这也是我们将来后悔的时候痛苦不堪的原因。

要知道，"成功者总在做事，失败者总在许愿"。

其实你不用崇拜任何人

盲目地崇拜会导致盲目地跟从。一个人如果养成了这种盲目跟从的习惯，就会变得碌碌无为。

> 一名佛教徒遇到了难事，去寺庙里求观音。走进庙里，发现观音的像前也有一个人在拜，那个人长得和观音一模一样。
>
> "你是观音吗？"
>
> "是。"那人答道。
>
> "那你为何拜自己？"
>
> "因为我也遇到了难事。"观音笑道，"可我知道，求人不如求己。"

这是一则有关佛的趣谈，它让人深思，让人回味。

想来凡人之所以为凡人，可能就是因为遇事喜欢求人。而观音之所以为观音，大约就是因为遇事只去求己吧。在现实生活中，如果人人都拥有遇事求己的那种习惯，也许人人都会成为自己的观音！

拿破仑年轻的时候，一次到郊外打猎，突然听见有人喊救命，他快步走到河边一看，见一男子正在水中挣扎。

这河并不宽，拿破仑端起猎枪，对准落水者，大声喊道："你若再不自己游上来，我就把你打死在水里！"那人见求救已无用，反而更添一层危险，便只好奋力自救，终于游上岸来。

拿破仑拿枪逼迫落水者自救，是想告诉他，自己的生命本应该是自己负责的，唯有负责的生命才是真正有救的生命。

崇拜和向别人求助容易让你盲从，失去自己的判断，我们往往轻信所谓的专家而不信任自己。在日常生活中，有时自己好不容易建立起来的信心和计划往往被专家一句话就给轻而易举地否定掉了。生物界有一种奇怪的虫子，叫列队毛毛虫。顾名思义，这种毛毛虫喜欢列成一个队伍行走。最前面的一只负责方向，后面的只管跟从。生物学家法布尔曾利用列队毛毛虫做过一个有趣的实验：诱使领头毛毛虫围绕一个大花盆绕圈，其他的毛毛虫跟着领头的毛毛虫，在花盆边沿首尾相连，形成一个圈。这样，整个毛毛虫队伍就无始无终，每个毛毛虫都可以是队伍的头或尾。每个毛毛虫都跟着它前面的毛毛虫爬呀爬，周而复始。直到几天后，毛毛虫们被饿晕了，从花盆边沿掉下来。毛毛虫的失误在于失去了自己的判断，盲目跟从，进入了一个循环的怪圈。

人生犹如一个大战场，你的面前也只有两条路：要么成功，要么失败。任何人的成功，都需要做出大量的努力，是没有捷径可走的。

在一次著名企业家报告会上，有一位年轻人向做讲演的企业家提出这样一个问题："能不能给我们年轻人指示一条成功直线，让我们少走弯路呢？"

这位企业家干脆利落地答道："成功就像山顶一样，哪里有什么直路可以走呢？"

事情就是这样，热衷于寻找捷径的人，往往稍微碰到一点困难的时候，心中就打退堂鼓，结果转来转去，总在山腰里打转。

即便成功有捷径，也是为很多有真正思想的人所不齿的，因为那样得来的成功，往往不能代表自己的价值。

法国作家大仲马的儿子小仲马刚开始写作的时候，寄出的稿子总是碰壁。于是大仲马便对小仲马说："你在寄稿时，写上'我是大仲马的儿子'，或许情况就会好多了。"

大仲马对小仲马的说法，可以说给小仲马提供了成功的捷径。但是小仲马却固执地说："不，我不想坐在你的肩头上摘苹果，那样摘来的苹果没味道。"年轻的小仲马不但拒绝以父亲的盛名作敲门砖，而且不露声色地给自己取了十几个其他姓氏的笔名，以避免那些编辑先生们把他和大名鼎鼎的父亲联系起来。

面对那些冷酷而无情的一张张退稿笺，小仲马没有沮丧，仍在不露声色地坚持创作自己的作品。他的长篇小说《茶花女》寄出后，终于以其绝妙的构思和精彩的文笔震撼了一位资深编辑。《茶花女》出版后，小仲马声名鹊起。

崇拜别人容易让你上当受骗。一个聪明人决定开始一项冒险。他大胆地预测一场万众瞩目的球赛（有很多人赌球），他发出 10 万封电子邮件，其中的一半预测甲队胜利，而另一半预测甲队失败。无论如何，他总会说对一半。然后下一次，他又开始预测一场新的比赛，这一次他只给上次说对了的那 5 万人发信，不再理会其余的 5 万人，预言当然还是胜负各占一半；接着再把这个游戏进行下去。在经过了三四次后，他已经在 5000 多人中建立了极高的威信，这家伙神了，说得这么准！他会收到很多反馈，许多人开始重视他的意见，随着名气的增大，总会有新的崇拜者加入到队伍中来。这时，他开始收费，然后再继续向上次说对了的人群预测。由于"预测"的结果惊人的准确，他的铁杆崇拜者付给他越来越多的报酬。这个家伙成为一个名利双收的大"专家"。

虽然这个故事对众多真正的专家颇有不敬，但就是真正的专家也难免有犯错的时候。专家只是意味着对现有资料、知识占有得比较充分，过去曾经做出过成绩，在这个领域中有着一些超乎常人的判断力而已，并不意味着他事事完全正确。因此，不要迷信任何人，崇拜任何人。

我们可以尊重专家的意见，在他的基础上前进，但千万不要把他看作不可逾越的高峰。相信自己，才是最重要的。

莫让"印刻效应"成习惯

有很多人都习惯感性地一次就把对一个人的答案想好，很长时间都不能改变。还有的时候，我们评价另外一个人，仅仅凭借的是其是否对应自己的个人口味，因对方的脾气性格、生活习惯、言谈举止等不符合自己的标准，就对其做出否定的评价，或因某些习惯与自己合拍就全面肯定他。

1910 年，德国习性学家海因罗特在实验过程中发现一个十分有趣的现象：刚刚破壳而出的小鹅，会本能地跟在它第一眼看到的自己的母亲后边。但是，如果它第一眼看到的不是自己的母亲，而是其他活动物体，它也会自动地跟随其后。尤为重要的是，一旦这小鹅形成对某个物体的追随反应，它就不可能再对其他物体形成追随反应。用专业术语来说，这种追随反应的形成是不可逆的，而用通俗的语言来说，它只承认第一，无视第二。

这种后来被另一位德国习性学家洛伦兹称为

"印刻效应"，这种现象不仅存在于低等动物里，而且同样存在于人类之中。

几乎所有的心理学家和社会学家都知道，人类对最初接受的信息和最初接触的人都留有深刻的印象，他们用"首因效应"等概念来表示人类在接受信息时的这种特征。

要成就非凡的事业，必须先具备非凡的眼光，那些成功企业家的故事一再告诉我们：看一个人要看他的能力，看他能够为公司做多少贡献，而不是在一两次接触之后，就给人家"盖棺定论"，这样常常会把英雄当成了狗熊，失去了提高自己或者招贤纳士的机会。

众所周知的是刘邦与韩信的故事。韩信不被项羽看好，转投刘邦，而刘邦也并没拿他当回事，只给了一个小小的"中尉排长"。在这个位置上，韩信的本领根本无从施展，多亏萧何月下追韩信，汉朝才有了数百年的江山。

再让我们来看看松下幸之助是怎样识人的：大正十二年，也就是关东大地震那年。年末的一天，松下先生走进工厂的锻冶车间，看到一个从来没有见过的小个子师傅正在开着车床，便问他是从哪里来的。"我是H工厂的，借用一下车床。"他回答。这人留着长发，看上去不像是锻冶车间的工匠，乍一看倒像是搞美术的学生。H工厂是松下的委托加工厂，按约定有紧急的修理业务或用车床时可以随时使用松下的锻冶车间。这个年轻人遇上了关东大地震，来大阪求职，说是最近刚进了 H 工厂。观察了一会儿他干活的样子，松下觉得他手脚麻利，动作在行，有熟练的技术。几天后，松下见到 H 工厂的老板时问到了这个青年人。"那人不行，不满太多，对我厂里的事情这啦那啦地净是意见！"听到这话，松下觉得很有意思，马上就把那个青年要来聘用了他。这个 22 岁的青年就是后来的松下副社长中尾哲二郎。

一代魔术大师胡汀尼有一手绝活，他能在极短的时间内打开无论多么复杂的锁，从未失手。他曾为自己定下一个富有挑战性的目标：要在 60 分钟之内，从任何锁中挣脱出来，条件是让他穿着特制的衣服进去，并且不能有人在旁边观看。有一个英国小镇的居民，决定向胡汀尼挑战，有意给他难堪。他们特别打制了一个坚固的铁牢，配上把看上去非常复杂的锁，请胡汀尼来看看能否从这里出去。

胡汀尼接受了这个挑战。他穿上特制的衣服，走进铁牢中，牢门喵啷一声关了起来，大家遵守规则转过身去不看他工作。胡汀尼从衣服中取出自己特制的工具，开始工作。

30 分钟过去了，胡汀尼用耳朵紧贴着锁，专注地工作着；45 分钟、一个小时过去了，胡汀尼头上开始冒汗。最后两个小时过去了，胡汀尼始终听不到期待中的锁簧弹开的声音。他精疲力竭地将身体靠在门上坐下来，结果牢门却顺势而开，原来，牢门根本没有上锁，那把看似很厉害的锁只是个样子。小镇居民成功地捉弄了这位逃生专家，门没有上锁，自然也就无法开锁，但胡汀尼心中的"门"却上了锁。

小镇的居民故弄玄虚，捉弄了这位大师。大师的失败在于先入为主的习惯告诉他：只要是锁，就一定是锁上的。因此，在实际生活中，我们一定要摒弃成见，不要让第一个想法占据你的脑子。要知道：错觉首先来到，真相就难容身。

别向自己的无能为力低头

在现实生活中，许多人面对生活中的挑战时放弃或中止，而不继续努力，就是因为他们学会了"无能为力"，从而在脑中形成了不良的习惯。为此，宾州大学研究生马丁·萨利格曼做了一项造成人类心理学重要突破的实验，首先由狗的实验开始。萨利格曼观察许多狗接受电击的实验之后，发现有些狗根本不作任何反应，只是躺下来忍受痛楚。其实验分为两个阶段：在第一阶段中，把狗分成三组。A组的狗拴上链子，并承受轻微电击，如果它们用鼻子碰一下横竿，就能使电击停止，狗儿很快就学会这个把戏。B组的狗系上同样的链子，也施以电击，但没有训练他们停止电击的办法，这些狗只能逆来顺受。C组的狗则是控制组，虽然系上链子，但不受电击。

在实验的第二个阶段，他一次一只，把所有的狗都关入一个箱子里，箱子的中央有一块低的障碍物，每只狗都在箱子的一端接受轻微电击，而停止电击的方法就是跳过障碍物到达箱子另一端。可想而知，A组的狗（可以控制电击的那一群）和C组的狗（未遭受过电击）很快就找出越过障碍物，逃过不适之感的方法，但在第一阶段无法控制电击的狗群则有不同的反应，他们躺下来低吠，并没有尝试逃脱。

萨利格曼发现，这些狗已经学会无能为力，彻底摧毁了它们的行动动机。学者也发现猫、鼠、狗、蟑螂和人全都可以学到相同的反应。如果轻易向"无能为力"低头，不论你做什么，不论如何努力，都不会有任何效果。

学来的无助乃是因对挫折无能为力，最有名的例子是纳粹集中营幸存者维克多·法兰克的经验，这位知名的心理学者以自己的切身经历描述了许多囚犯面对无能为力的时刻。在集中营里，守卫在囚犯入营时，就告知他们终生都别想再见天日，对此说深信不疑的人不久就会死亡。而在未遭处决的囚犯中，不理会卫兵的言语，深信一切都会过去的人，都活了下来。

后天学来的无能为力和获得力量必然互相排斥，不可能共存。无能为力的人绝不会获得力量，而获得力量的人也绝不会觉得无助沮丧。无能为力的想法自然是获得力量的阻碍，因此也阻挠你的成功。

许多大企业都因员工囿于无能为力，影响整体表现。一名主管描述他请丧失工作热忱的员工做些改变时说："简直

第五章

有这样的坏习惯，想要好工作都难

就像呼唤笼中狗一样，根本不肯动，因为他们知道不可能
有结果。"生活中难免遇到逆境，然而不能适应逆境的人，
在生活中的各个层面都会受到折磨。从许多大企业的经验
发现，后天学来的无能为力会影响企业的表现、生产力、
员工工作动机、精力、学习、进步、进取、创意、健康、
活力、弹性和毅力。

　　向"无能为力"低头是可悲的，它使人们不敢挑战现存
的固有的东西，形成思维定式，结果只能是消极无为。希
尔引导人们莫做"笼中狗"，要拒绝"无能为力"，变消极
为主动。魏恩梅就是积极应对挫折的典范。

　　　魏恩梅生来就有罕见的眼部疾病，视力逐渐退
　　化，到 13 岁时全瞎了。人们告诉他，因为视障，
　　他永远不可能做其他人能做的事。但魏恩梅并不接
　　受有这样限制的人生。多年来，他努力克服困境，
　　终于在挫折中找到自己的天地。首先他加入高中摔
　　跤队，成为两名队长之一，接着又获得州比赛的第
　　二名。接下来他面对攀岩的挑战——对拥有完好视
　　力的正常人而言，这都是非常艰难的活动，然而魏
　　恩梅说："失明并不会使我失去生活中的乐趣。"他
　　接纳了眼前的逆境——失明，并化为优点，以更敏
　　锐的其他知觉征服少有人能征服的挑战。1995 年，

他攀上高达二万零三百二十英尺的北美最高峰麦金利山峰，1996年，更成为第一位攀上三千英尺高花岗巨岩——加州优山美地公园卡比顿岩壁的盲人。如今在一所学校任教的魏恩梅说："失明只是使人不便。"他对登山的看法是："你只是得找出另一个方法来做这件事。"

向无能为力低头来自人们相信自己无能为力。相反，魏恩梅在面对逆境时不受无能为力的想法困扰，在失明的情况下，攀上高三千英尺的花岗岩壁。如果我们每个人都能够克服固有的习惯，不向无能为力低头，那我们的成就也将不可估量。

在工作中可不能太贪心

在人生的旅途中，企图掌握好几十种职业技能，还不如精通其中一两种。什么事情都知道些皮毛，还不如在某一方面懂得更多，理解得更透彻。

在自然界，每一个物种都在发展和加强自己的新特征以求适应环境，获得生存空间。生命的演化如此，生活和事业的发展也是如此，社会对个人的知识和经验不断提出了更高、更广、更深的要求。泛泛地了解一些知识和经验是远远不够的，多才多艺往往使许多人失去成功的机会。许多有前途、有思想的年轻人一开始无法果断地选择一个正确的方向，持之以恒地走下去，结果一直到老年依然还徘徊不定。一位著名的企业家说："'万事通'在我们那个年代还有机会施展，现如今已一文不值了。"企图掌握好几十种职业技能，还不如精通其中一两种。什么事情都知道些皮毛，还不如在某一方面懂得更多，理解得更透彻。

你必须不停地加强和丰富自己的专业知识，依靠艰苦的训练，强化自己的专业地位，直到比你的同行知道得更多。如果你无法比他人做得更好，就别想超越他人，就无法形成自己的核心能力。

这种核心能力的取得需要在职业生涯中做出"正确的选择"，需要一个长期的训练过程。许多生活中的失败者几乎都在好几个行业中艰苦地奋斗过。如果他们的努力能集中在一个方向上，就足以使他们获得巨大的成功。

有一位机械师，他尝试着发明一种新型的发动机，但是，经过多次挫折后他丧失了信心，在离成功只有一步之遥时他放弃了努力，转换了门庭。他将长时间积累的职业经验和资源都舍弃了，自然也就无法形成自己的核心能力。

其实，许许多多"离成功只有一步之遥"的人，恰恰因为缺乏最后跨入成功门槛的勇气而功败垂成。

"无论从事什么职业都应该精通它。"这是成功的一种秘密武器。现在，最需要做到的就是"精通"二字。掌握自己职业领域的所有问题，使自己比他人更精通，你就有可能比其他人有机会得到提升和发展。

一位伟大的企业家在探讨个人努力与成功的关系时说："我在一段时间内只会集中精力做一件事，但我会彻底做好它。"

梭罗说："判断一个人的学识，就要看他主动把事情弄清楚的程度。"罗盘指针在被磁化之前所指的方向是不确定的。只有在被磁石磁化具有特殊属性之后，才成为罗盘。同样，一个人一开始可能确定不了自己的方向，但是他最终必须确立一个自己发展的空间，并且要非常精通，只有这样，渊博的知识对其发展才大有裨益。

借口多多，你怎么能做好工作

一个遇事喜欢找推脱借口的人，在面临挑战时，总会为自己未能实现某种目标找出无数个理由。比如，那些喜欢发牢骚、抱怨的不幸的人曾经都有过梦想，却始终无法实现。为什么呢？因为他们有遇事找借口的习惯。

一位长期在公司底层挣扎，时刻面临着失业危机的中年人来到老板的办公室，他讲话时神情激昂，抱怨公司老板不愿意给自己机会。

"那么你为什么不自己去争取呢？"老板问他。

"我曾经也争取过，但是我不认为那是一种机会。"他依然义愤填膺。

"能告诉我那是什么事吗？"

"前些日子，公司派我去海外营业部，但是我觉得像我这样的年纪，怎么能经受如此折腾呢。"

"为什么你会认为这是一种折腾，而不是一种机会呢？"

"难道你看不出来吗？公司本部有那么多职位，却让我去如此遥远的地方。我有心脏病，这一点公司所有的人都知道。"

其实，这位先生并没有什么心脏病，他只是为自己不愿远行找一个借口而已。

与之截然相反的是体育界的成功者，英国田径名将罗杰·布莱克。他的杰出并不在于他非凡的令人瞩目的竞技成绩——他曾经获得奥林匹克运动会400米银牌和世界锦标赛400米接力赛金牌。而更让人触动的是，所有的成绩都是在他患有心脏病的情况下取得的。

除了家人、亲密的朋友和医生等仅有的几个人知道其病情外，他没有向外界公布任何消息。带着心脏病从事这种大运动量的竞技项目，不仅很难有出色的发挥，而且有可能危及生命安全。第一次获得银牌后，他对自己依然不满意。如果他告诉人们自己真实的身体状况，即使运动生涯中半途而废，也会获得人们的理解的。但是罗杰却说："我不想小题大做。即使我失败了，也不想将疾病当成自己

第五章
有这样的坏习惯，想要好工作都难

的借口。"作为世界级的运动员，这种精神一直存在于他的整个职业生涯中。

那些认为自己缺乏机会的人，往往是在为自己的失败寻找借口。而成功者大都不善于也不需要编制任何借口，因为他们能为自己的行为和目标负责，也能享受自己努力的成果。

借口总是在人们的耳旁窃窃私语，告诉自己因为某原因而不能做某事，久而久之我们甚至会潜意识地认为这是"理智的声音"。假如你也有这种习惯，那么请你做一个实验，每当你使用"理由"一词时，请用"借口"来替代它，也许你会发现自己再也无法心安理得了。

有一次，一位朋友对我说："我不做这件事情是有原因的。"

我回应他说："是的，如果你想给自己找借口的话。"

"不——这不是借口，而是理由。"他急切地辩解道。

一个人在面临挑战时，总会为自己未能实现某种目标找出无数个理由。正确的做法是，抛弃所有的借口，找出解决问题的方法。二者之间的区别就在于习惯，你选择哪一种呢？

那些实现自己的目标，取得成功的人，并非有超凡的能力，而是有超凡的心态。他们能积极抓住机遇，创造机遇，而不是一遭遇困境就退避三舍、寻找借口。

如果那些一天到晚总想着如何欺瞒的人，肯将一半的精力和创意用到正途上，他们一定可以在任何事情上取得卓越的成就。如果你善于寻找借口，那么试着将找借口的创造力用于寻找解决问题的方法，也许情形会大为不同。

习惯性的拖延者通常也是制造借口与托词的专家。如果你存心拖延、逃避，你就能找出成千上万个理由来辩解为什么事情无法完成，而对事情应该完成的理由却想得少之又少。事实上把事情"太困难、太无头绪、太花时间"等种种理由合理化，的确要比相信"只要我们努力、勤奋就能完成任何事"的念头容易得多。

如果你发现自己经常为没做某些事而寻找借口，或想出千百个理由为事情未能按计划实施而辩解，那么，我劝你最好还是自我反省一番吧！

你的懒惰正在毁了你的工作

一个人对工作所持的态度，和他的习惯、才智有着密切的关系。工作是人生的部分表现，职业则是他志向的显示、理想的体现，所以，了解一个人的工作，从某种程度上就是了解那个人。

自尊、自信是成就大事业的必备条件，那些在工作上不肯尽心尽力而只求敷衍塞责的人是无法具备这种自尊、自信的心态的。如果一个人轻视自己的工作，那么他也绝不会尊敬自己。当今社会，许多人不珍惜自己的工作，不将工作看成是创造事业的基本要素和发展人格的工具，而视为衣食住行的供给者。一些人甚至将工作当成一种无可避免的苦役，而不将其当作一所锻炼自己能力和培养品格的大学。

一个人工作时所形成的习惯，不但会影响工作效率和质量，而且对其品格的形成也大有影响。有一句话这样说道："检验人的品质有一种标准，那就是工作时是否能全神贯注，进入一种忘我的工作状态。"

无论你的工作如何平凡，如果你能像那些伟大的艺术家投入其作品一样投入你的工作，所有的疲劳和懈怠都会消失殆尽。饱满的热情可以为最普通的工作赋予伟大的意义。如果你能以高昂的热忱去做最平凡的工作，就能成为最灵巧的工人；如果以冷淡的态度去做最高尚的工作，你不过是一个平庸的工匠。所以，在各行各业都有施展才能和提高地位的机会。

亨利·福瑞大学毕业后进入一家印刷公司从事销售工作，这与他最初的理想相距甚远。但是，他知道自己所追求的目标，同时也了解自己的现实处境，于是，他热情高涨，全心全意投入到新的工作中去。他将年轻人特有的热情和活力带到了公司，传递给客户，每一个和他接触的人都能感受到他的魅力。

尽管亨利工作才一年时间，但是他的主动和热情已经成为公司不可或缺的组成部分。他被破格提升为销售部的领导，取得了人生阶段性的成功。

与亨利同样年轻的赫理，也在很短时间内被提拔到公司的管理层，有人问到其成功的秘诀时，他这样回答道：

"我在试用期间就注意到，每天下班后其他人都回家了，而老板却常常留在办公室里工作到很晚。我希望自己能有更多时间学习一些东西，于是

第五章
有这样的坏习惯，想要好工作都难

下班后也留在办公室里，处理一些业务方面的工作，同时给老板提供一些帮助。没有人要求我留下来，而且我的行为还遭到一些同事的非议，但是我还是坚持这样做了，因为我认为我是对的……我和老板配合得很默契，他也逐渐形成了招呼我的习惯……"

尽管相当长时间，赫理并没有因自己积极主动的努力而获得任何报酬。但是，他学到了许多技能，并且最终赢得了老板的信任，获得了提升的机会。

但是，大多数人并不像亨利和赫理一样，他们总是以一种消极和被动的心态和习惯来对待工作，上班时懒懒散散，下班回家也无所事事。他们不是没有自己的追求，而是一遭遇困境就打退堂鼓，因为，他们缺乏一种精神支柱。

如果一个人能对"工作能免除人生辛劳"有所领悟的话，那么他也就掌握了达到成功的原理。倘若能处处以主动、热情的态度从事本职工作，那么即使是最平庸的职业，也能增加其荣誉和财富。

每天早上醒来时，你想到的第一个念头是什么？你想到的是"早上好，上帝！"还是"我的上帝，又是早上了！"不同的想法和习惯可以看出你究竟是积极乐观的人还是消极悲观的人。当你看到半杯水时，你想到"这杯子装满了一半"还是"这杯子有一半是空的"？你的回答反映出你是如何看待这个世界的。

　　积极的心态和习惯是一块强有力的磁石，如同花蜜吸引蜜蜂一样，将他人吸引到自己身边。如果你面对世界展现出阳光般的心态，你的朋友和同事就会自然而然地聚集在你的周围。你的热情会感染他们，影响他们，也为自己提供了一个更好的发展机会。同样，你对自己的工作抱以积极的态度，那么，就一定会从中获益。

你能否成为精英与学历无关

现实中很多人习惯以为成功者都是高学历者，一个人如果连大学都考不上，那他是不能成功的。真是这样吗？其实，未必如此。下面是一封学生写给老师的信，看后你也许就会改变以前的观点了。

老师：

　　我高中毕业后没能考上大学，上了职业中专，这无论如何是令人遗憾的。看到昔日不少同窗学友如今都是大学生，成为令人羡慕的"骄子"，我的心情真的有些不平静。但是，三年的中专生活我没有虚度，三年的勤奋努力初步结出了成功之果，因此，我对上大学的同龄人羡慕而不嫉妒，佩服而不自卑。毕竟上大学的人是少数，而社会对人才的需求是多元的；这一多一少之间，不就为我们这些未上大学而有志成才的年轻人开辟了一展才华、一显身手的天地吗？

　　您知道，我上的是园林职业中专，当初填报志愿时并非出于本人志向，而多少有些"破罐破摔"的心理。是学习生活中的两件事改变了我的态度，激发了我的兴趣，使我爱上了园艺专业，并取得了较为出色的成绩。

　　首先，是一位同学的感人事例。这位同学从小患了小儿麻痹症，虽不太严重，但从身体条件上看，是不易考上大学的；更何况前两年他父母离异，他跟着有病的父亲过日子，生活比较艰苦，上大学更成了问题。于是，一向学习成绩优秀的他，毅然选择了园林职业中专，因此，我有幸成了他的同学，并从他身上学到了宝贵的东西。他不但学习成绩好，而且写得一手好字，画得一笔好画，还会拓字、裱画、刻章制印。他说，他报园林是实事求是，扬长避短，是既积极又现实的自我设计。因为中国的园林艺术很丰富，很发达，学好这个专业，不怕没有用武之地。他的才华很快就显露出来了，美术老师推荐他加入了校书法协会，年级组还破格让他登台，给大家上美术辅导课。他在课余和美术学院师生一起搞的镶嵌壁画，被国际会议中心采用，挂在会堂的墙壁上。我由衷地佩服他，同时也想，既然佩服，何不以他为榜样？我小学时曾在少年宫学过盆景艺术，于是我决定在学好各门功课的同时，主攻园林盆景艺术。人一旦有了目标，也就有了劲头，我从小时候学到的有限知识起步，向书本、向老师、向专家、向园林作品请教学习，一年多过去就崭露头角。我作为实验课题设计制作的盆景小品，被学校的陈列室陈列展出；我应征设计的另一盆景小品，被园林局评为二等奖。我和那位同学一起，成为年级中的佼佼者。

另外一件是一位老师傅的感人事例。这位老师傅只念过初中，他进园林系统工作后，由于勤奋好学，很快从一名清洁工转为园艺工，又经过多年努力，便成为一位在国内园艺界小有名气的园艺技师。他最擅长的是石雕、石景的设置，这是他30多年来悉心观察、潜心钻研的结果。他对于石头的着迷简直到了走火入魔的程度，走到哪里看到哪里，甚至为此而自掏腰包，跑到高山上、大海边去看石头。他家里的角角落落也都摆满了各色各样的石头标本和他加工而成的作品，下班后他不看电视，不出门会友，只是捧着石头端详不止，以至于他老伴开玩笑说，石头是"第三者插足"，嫁给他是一个"最大的错误"。几十年来，他的石景艺术作品可说是"桃李满天下"，有的还远渡重洋在国外扎根落户。在拜师求教过程中，他的这种热爱艺术、献身事业的执着精神，深深打动了我。从此，我处处以他为榜样，全身心地投入专业钻研，并在他指导下，于去年设计制作了一座大型山水盆景，献给国庆节。盆景在街头陈列后，又被国宾馆收藏了。为此，园林艺术研究所看中了我这"后起之秀"，现在，我已经成为他们队伍中年轻的一员。

老师，听到我的这些好消息，您一定很高兴吧！马克思上过大学，恩格斯只上过中学；爱因斯坦上过大学，爱迪生连小学都没上完；伟人毛泽东，世界知名的数学家华罗庚，一代国画大师齐白石，古代汉语的公认权威王力先生，都是没上过大学的。这样的例子太多了，他们所证明的不是"大学无用"，而是说明，除了有形的大学，还有无形的大学，这无形的大学就存在于有志者矢志不渝、自学成才的努力之中！

可见，成才的关键不在于上没有上大学，只要你勇于拼搏，即使没有考上大学，成功也会与你结缘。

你的希望别人给不了

一般来说，大凡在世界上取得成就的人，往往不是那些幸运之神的宠儿，反倒是那些"没有机会"的苦孩子。因为"没有机会"永远是弱者的推托之词。但凡成功者，都是命运的指挥者。

很多失败者都认为，他们之所以失败，是因为不能得到别人所具有的机会，没有人帮助他们，没有人提拔他们。他们会对你说，好的位置已经人满了，高等的职位已被挤走了，一切好的机会都已为他人捷足先登，所以他们毫无机会了。

但有骨气的人却不会推托。他们工作，他们不哀叹怨尤。他们只是迈步向前，不等待别人的援助。他们依靠的是自己。

亚历山大在打了一次胜仗之后，有人问他，假如有机会，他想不想把第二座城堡攻下来。"什么?"亚历山大怒吼起来,"机会!我从不等待机会,我会去制造机会!"

世界上最需要而最缺少的,正是那些能够制造机会并牢牢把握机遇的人!如果在你现在所处的地位中,或者已经是人满了,但在较高的地位上,却总是有着空隙。很多人都失业,但在每所高等职业学校或职业介绍所所在地的门口,却总挂上招聘的广告。世界上每时每处都在寻找受过较好职业训练的管理者。高额的薪水、优厚的待遇,在等候着有能力并能够成功的青年男女去获取。

我们的缺点就在于对机会一事眼界太高,欲望太奢。我们往往只想摘取远处的玫瑰,反而将近在脚下的花草踏坏。千里之行,始于足下,不可忘却了大事业要从小处着手。

有许多人已经遇上了很好的机会,而他们却还在梦想着发财和高升的更大更好的机会。面前的机会他们不认识,因为他们的心中另有不切实际的幻影。

每个人,只要有抓得住当前机会的能力,有为目标而奋斗的精神,都有获得巨大的成功的可能。但你应该牢记,你的出路就在你自己脚下。在你以为出路是在别的地方或别人身上时,你是要失败的。你的机会就蕴藏在你的人格中。

你的成功的可能性,就在你自己的生命中,就像未来的参天大树的种子隐伏在野草灌木丛中一样。你的成功就是

187

你的自我的演进、展开与实现。

在一个陋巷中出生的孩子可以成为法官和律师；最贫穷的孩子可以变成商界巨子，变成大银行家、大企业家；在铁路上的员工可以成为铁路局长。

无论什么时候，我们都应该相信自己，相信自己有能力改变命运，去开创属于自己的明天。如果一个年轻人相信运气会从天而降，他就会不断地拒绝各种机会，因为那些机会都不够好，他所要的是大名厚利、高职位，他不屑于从基层起步。我们可以想象，不久人们便懒得给他任何机会了。一味相信运气，使这个年轻人丧失了许多机会。而他一生很可能就这样耗费掉了。

真正想成功的人，会把运气撇在一边，抓住机会，不放过任何可能让他成功的机会。他不会等待运气护送他走向成功，而会用努力换取更多成功的机会。他可能会因为经验不足、判断失误而犯错，但是只要肯从错误中学习，等他逐渐成熟后，就会成功。

人们对运气多半都采取宁可信其有的态度，不是有人具有第六感吗？不是有人未卜先知吗？他们可以预测股市的涨跌，可以断定一个人的福祸，这些人也许可以告诉你是否会成功，或者如何成功。别相信他们，他们不过是善于掌握人类的心理罢了。

很多人预测成功时，总是谦逊地说："运气真好。"但我们应该知道，经验与判断力才是他们的利器。坐等运气的人，往往以空虚或灾难临头收场。他们也许会在偶然的一个机会里暴富，但这种繁华很容易变成过眼云烟。大起大落的人，通常是最相信运气的人。许多人庸庸碌碌，默默而终，是因为他们认为人生自有天定，从没想到可以创造人生。事实是人生存在世上，那是天定；好好地把握自己的生活，使它朝着自己的计划和目标奋进，这就是人生。

可见，要想做一个成功的人士，至少需要具备以下的因素：

1. 想象力。伟大的人生从憧憬开始，憧憬自己要做什么或要成为什么。南丁格尔的梦想是要做护士。爱迪生的梦想是做发明家。这些人都为自己设计出明确的前途，把它作为目标，勇往直前。

以19世纪的英国诗人济慈为例。他幼年就成为孤儿，一生贫困，备受文艺批评家抨击，恋爱失败，身染痨病，26岁即去世。济慈一生虽然潦倒不堪，却不受环境的支配。他在少年时代读到斯宾塞的《仙后》之后，就肯定自己也注定要成为诗人。济慈一生致力于这个目标，最终成为一位名垂青史的诗人。有一次他说："我想我死后可以跻身于英国诗人之列。"

在人生的旅途中，如果自己在心里认定会失败，就永远不会成功。你自信能够成功，成功的可能性就大为增加。没有自信，没有目的，你就会俯仰由人，一事无成。

2. 常识。圆凿而方柄是绝对行不通的。事实上，许多人在经过挫折之后，才找到自己真正的方向。美国画家惠斯勒最初想做军人，后来因为他化学不及格，从军官学校退学。司各特原想做诗人，但他的诗比不上拜伦，于是他就改写小说。

3. 勇气。一个人真有个性，有信心，就会有勇气。大音乐家华格纳虽然遭受同时代人的批评攻击，但他对自己的作品有信心，终于战胜世人。黄热病流传许多世纪，死的人无法计算，但是一小队医药人员相信可以征服它，在古巴埋头研究，终告胜利。达尔文在一个英国小园中工作20年，有时成功，有时失败，但他锲而不舍，因为他自信已经找到线索，结果终得成功。

目标、常识、勇气，即使是稍微运用，亦会产生很可观的结果。如果一个人一心想发财，他可能会遭受无情打击；如果他一心想享乐，他可能会自讨苦吃。但是如果他所想的是有所建树，他就可以利用人生的一切机遇。

爱默生说："只有肤浅的人相信运气。坚强的人相信凡事有果必有因，一切事物皆有规则。"要想怎么收获先想怎么行动，这比坐待好运从天而降可靠多了。

斤斤计较的人不会得到太多

为利益而斤斤计较，就会使人变得心胸狭隘、自私自利。它不仅对人生和事业造成损失，也会扼杀你的创造力和责任心。

在人生的旅途中，许多年轻人被短期的利益蒙蔽了双眼，看不清未来发展的道路。等到意识到问题的严重性，再奋起直追时，已经浪费和错过了最好的时机，无法赶上了。

在此，本书作者想给年轻人提个建议："在你开始工作时，不要太多地考虑薪水问题！要注重工作本身给你带来的价值——发展你的技能，完善你的人格品质……"

在美国，曾有一位成就斐然的年轻人，他是一家大酒店的老板。一开始我丝毫没有看出他有什么特殊才能，直到他讲述了自己被提拔的传奇经历之后我才明白了事情的原委。

"几年前，我还是一家路边简陋旅店的临时员工，根本就没有什么发展的前途可言。"他回忆道，"一个寒冷的冬天，已经很晚了，我正准备关门，进来一对上了年纪的夫妇。他们正为找不到住处发愁。不巧的是，我们店里也客满了。看到他们又困又乏的样子，我很不忍心将他们拒之门外。于是就将自己的铺位让给他们，自己在大厅睡地铺。第二天一早，他们坚持按价支付给我个人房费，我拒绝了。本来也就没有什么嘛！"

"那对夫妇临走对我说：'你有足够的能力当一家大酒店的老板。'"年轻人脸上露出憨厚的笑容。

"开始我觉得这不过是一句客气话，然而没想到一年后，我收到了一封纽约来信，正是出自那对夫妇之手，还有一张前往纽约的机票。他们在信中告诉我，他们专门为我建了一座大酒店，邀请我经营管理。"

年轻人没有计较一夜的房费，而正是这一举手之劳，他获得了一个梦寐以求的机会。

斤斤计较一开始只是为了争取个人的小利益，但久而久之，当它变成一种习惯时，为利益而利益，为计较而计较，就会使人变得心胸狭隘、自私自利。它不仅对老板和公司造成损失，也会扼杀你的创造力和责任心。

《圣经》上说："助人就是助己。"不要计较得太多，多做一点对你并没有害处，也许会花掉你一些时间和精力，但是可以吸引更多的注意，使你从竞争者中脱颖而出，你的老板、上司和顾客会关注你、信赖你、需要你，从而给你更多的机会。今天种下助人的种子，总有一天会结出甜美的果实，最终受益的还是你自己。

付出多少，得到多少，这是一个基本社会规律。也许你的投入无法立刻得到回报，不要气馁，一如既往地付出，回报可能会在不经意间，以出人意料的方式出现。

在职业生涯中，任何一位普通人都会想："公司和老板为我做了些什么？"而那些富有远见的人则会想："我能为老板做些什么？"大多数人都认为尽自己的能力完成分配的任务，对得起自己的薪水就可以了。但是，我却认为这还远远不够，要想取得成功，必须付出更多，才能获得更多。

也许你会觉得自己已经在工作中投入了很多，却没有马上得到回报，而心有不甘。你会想既然不能升职，还不如忙里偷闲，反正也不会被开除、扣工资。这样一来，以后你就可能会拖延怠工，以免提前完成工作，会揽上其他的事务。久而久之，你的进取心将被磨灭。另外，如果你计较自己的付出没有在短期内得到回报，继而会产生抵触情绪，还会影响你在公司里的人际交往。

　　一开始也许你从事的是秘书、会计和出纳之类非常琐碎的事务性工作。但成功者除了需做好本职工作以外，还要做一些不同寻常的事情来培养自己的能力，引起人们的关注。

　　如果一个人在工作时能全力以赴，不计较眼前的一点利益，不偷懒混日子，即使现在他的薪水十分微薄，未来也一定会有所收获。注重现实利益本身并没有错，问题在于现在的人过分短视，而忽略了个人能力的培养，他们在现实利益和未来价值之间没有找到一个平衡点。

　　一个人如果钻到钱眼里去，如果总是算计着自己到底能拿多少工资，如果总是将自己困在装着工资的红包里，他又怎么能看到工资背后获得的成长机会呢？他又怎么能意识到从工作中获得的技能和经验对自己的未来将会产生多么大的影响呢？

机会是创造出来的

人生处处有机会，机会对每个人都是均等的，只有懂得珍惜它的人才能知道它的价值，只有持之以恒地追求它的人才能受到它的青睐。

卡耐基说："等待机会，是一种极笨拙的行为。"因此，不要以为机会像是一个到家来的客人，她在你门前敲着门，等待你开门把她迎接进来。恰恰相反，机会是不可捉摸的，无影无形、无声无息，她有时潜伏在你的工作中，有时徘徊在无人注意的角落里，你如果不用苦干的精神努力去寻求、创造，也许永远得不到她。

俗话说"天下没有免费的午餐""没有耕耘，就没有收获"，机会也不例外。机会的发现、利用是以主体的努力为代价的。法国微生物学家、化学家巴斯德曾说："机遇只偏爱那些有准备的头脑。"法国细菌学家尼克尔说："机遇垂青那些懂得怎样追她的人。"不管你等待多久，机会不会自动前来敲门，机会的得来是要靠人们付出艰辛的劳动的。企图别人为你制造奇迹或期待明天出现奇迹，是不切实际而且必遭失败的幼稚想法。从这个意义上讲，任何成功包括下级晋升的成功也是主体努力争取的结果。世上没有救世主，只能靠自己。

你付出的愈多，你抓住的机会就愈多，你成功的可能就愈大。相反，你付出的越少，你的机会就越少，成功的希望就越渺茫。有些人把学业上无建树、工作上无绩效、仕途不通达，一概归咎于没有机会，还以为自己才华盖世而不遇良机，那只会发"蘘蒿隐没灵芝草，淤泥藏限紫金盆"的感叹，永远也不会尝到成功的甜果！

要争取机会，就必须在上级面前表现自己，特别要实事求是地向上级反映情况，提出自己的困难和要求，这是十分正当的途径，完全不属于自私和争利的范畴。在机会面前，我们每个人都有权利去获得自己应该得到的东西。而且，作为上司来说，由于其时间的有限性，不可能完全了解每个人的情况，也可能仅仅为一些表面现象所障目，以至于犯片面性的错误。既然如此，我们自己为什么不可以主动地帮助上司了解情况，以便他做出更为公允的决策呢？相反，如果你不反映情况，则只能是自己对不起自己。

但是，在这里，也应该注意一个问题，众所周知，每一次的晋级、涨工资等，名额常常是非常有限的，不可能人人有份。在这种情况下，你如果要向上司主动提出要求，最好是事先作一番调查，看看这次指标的数量究竟有多少，并就部门的各个人选作一番分析。如果说自己的条件很有可能入选，或者说有 50％ 的可能，但存在着竞争，这样，你便可以而且应该去向上司提出要求。如果排队的结果表明自己的希望甚小，那么，趁早放弃。因为在这种情况下你再主动要求，再争，实现的可能性也是很小的，而且上司会认为你太过分，不明智。

眼高手低，工作怎能踏实

有人说："无知与眼高手低是青年人最容易形成的习惯，也是导致频繁失败的原因。"许多人内心充满了激情和理想，然而一旦面对平凡的生活和琐碎的工作，却变得无可奈何了。他们常常聚在一起高谈阔论，然而一旦面对具体问题，就会不知所措。

在商业社会中，公司经营需要有战略思考和整体规划，但更需要的是将种种构想付诸实施的执行能力。对于年轻人来说，无论未来发展的前途怎么样，这种执行能力都是必备的。只有那些对寻常工作能够忠实地加以执行的人，未来才有可能走上重要的职位。

在日常生活中，许多年轻人在求职时念念不忘高位、高薪，并且对自己说：英雄须有用武之地。然而当他们走上工作岗位时，就会对自己说："如此枯燥、单调的工作，如此毫无前途的职业，根本不值得自己付出心血！"当他们遭遇困境时，通常会说："这种平庸的工作，做得再好又有什么意义呢？"渐渐地，他们开始轻视自己的工作，开始厌倦生活。

然而，那些在事业上取得一定成就的人，无一不是在简单的工作和低微的职位上一步一步走上来的。他们总能在一些细小的事情中找到个人成长的支点，不断调整自己的心态，用恒久的努力打破困境，走向卓越与伟大。

那些在公司里身居高位，肩负要职的人，他们忠实地履行日常工作职责。年轻人应该像哥伦布一样，努力去发现自己的新大陆，沉湎于过去或者深陷于对未来的空想是没有前途的。你正在从事的职业和手边的工作，是你成功之花的土壤，只有将这些工作做得比别人更完美、更正确、更专注，才有可能变得非凡。

因此，无论薪水多么微薄，无论工作是多么普通平凡，都不要轻视和鄙弃它。

一个年轻人去鱼摊买鱼，他蹲在一个捞鱼的摊子前，用网捞鱼。可是渔网太薄了，一碰水就破，破了三只渔网，却一条鱼也没有捞到。摊主是一位老人，对年轻人说："你总是想捞那些又大又漂亮的鱼，渔网自然无法承受，你当然捞不到啦！"

年轻人总想得到最好的，但在实际生活中又必须脚踏实地，衡量自己的实力，不断调整自己的方向，才能一步一步达到自己的目标。

　　许多年轻人也曾有过伟大的理想，但却总是摇摆不定。仅仅有理想是不够的，如果没有行动你将永远停留在起点上。尽管行动并不一定会带来理想的结果，但是不行动则一定不会带来任何结果。不要让眼高手低束缚住了你的手脚，在工作中每一件事，不论大小都值得用心去做，而且对于那些小事更应该如此。

第六章

努力那么久还没成功？

该改掉这些习惯了

你都放弃自己了，谁还能拯救你

有一位学者曾经指出，自暴自弃是成功的头号天敌。其实孟子早就说过："自暴者，不可与有言也，自弃者，不可与有为也。言非礼义，谓之自暴也；吾身不能居仁由义，谓之自弃也。"

一、为财务问题而自暴自弃者

这种人的普遍特征为"以债养债""生产力永远赶不上借债及欠债能力""偏差的金钱观""不知道钱怎么花光的""逃避债务""人际关系紧张、甚至破裂"等。财务危机是所有想成功的人的头号杀手。这个世界的权力和自由，似乎仍属于那些财务管理良好的人。

二、为感情问题而自暴自弃者

多愁善感，钻牛角尖，爱之欲其生、恶之欲其死是这类人的普遍特征。现代人的感情观普遍受到媒介的影响：文学作品、平面媒体、电视、电影，加上耳濡目染亲朋好友的故事，一般人对感情的评价和衡量，本来就很难找到平衡点。而这类人通常又视感情为生命的唯一或全部，一旦发生严重的感情事件，便一发而不可收，心情跌至谷底，生活中的一切也跟着到谷底、深渊，无法自拔。

三、为学业、工作及学习能力问题而自暴自弃者

为学业问题（考试、升学）而自暴自弃，几乎是现代社会特有的现象；为工作问题（找不到工作、常常换工作）而自暴自弃，则是资讯爆炸竞争力时代来临的衍生性问题。两者均涉及"学习态度与能力"的问题，这种类型的人，长期累积的负面自我评估、自我定罪、自我设限充满自卑，也欠缺关爱鼓励，是其共同特征。

四、为健康问题而自暴自弃者

为身体痼疾而痛不欲生者亦为常见现象。探访病患者及其家属，你会发现"生死大事"确实颇折磨人，垂死者经常经历的主要情绪包括孤独、焦虑、恐惧、否认、急怒、挫折、疏离、沮丧等，病人看待死亡的态度，与生理病痛所引发的多种痛苦，求生与求死，也深刻地影响病人家属的情感起伏。毕竟，自暴自弃并非最好的死亡方式；如何死得其所，是生者亦是将逝者的挑战。

五、为家庭问题而自暴自弃者

在现代人的核心价值中，一直将家庭问题看得和财务问题一样重要，也确信未来在家庭问题上会有更剧烈的变动。但事实上愈来愈多的家庭（不论是传统的大家庭与现代新组成的小家庭）将在无法适应"相处之道"及"家庭伦理"上付出极大的代价，也会有愈来愈多人不愿去面对复杂的家庭问题，如婚姻暴力、伦理破碎（含乱伦）等而显得自

暴自弃、不知所措。

六、为信仰问题而自暴自弃者

宗教信仰中的诸多重大根本问题：如爱、轮回、永生、地狱、天堂、生死的价值等，未来一定会有更多找不到"出路"的信仰者，在内心中挣扎困顿的同时，会以各种不同的"形式"，表现出他们的气馁之处。这几个世纪以来"集体自杀"的模式，其实便是为了信仰中终极的核心价值或基本教义找不到出路，而以肉体的自戕来代表灵魂解脱的法门，终究是自暴自弃，这不仅于灵魂无益，更让神秘的信仰问题浮上台面接受批评。

七、为人格问题而自暴自弃者

人格，代表一个人性情的品质。许多人基于童年成长挫折或不愉快的经验，及性格中诸多解不开的烦恼，在追寻自我或自我实现的过程中，不断地质疑自己的人格是否出了问题，也不断地对自己"输入""负面的讯息"，如：我不配、我笨、我做不到、我不能、我记性不好、我就是扫把星等。强烈自我控告加上自我定罪的结果——自我否定、自暴自弃。

海伦·凯勒，一个耳朵不能听、眼睛不能看、嘴巴不能说的女子，却成就了非凡的教育事业，全世界有许多先天或后天失去双手、双脚的人士，却成为激励人心的演说家或成为一代典范的政治家（像美国前总统罗斯福）。

他们是如何培养出克服障碍、脱离自我放弃的能力的？仔细观察就会发现他们第一个共同点是，他们从前也会

"怨天尤人"，但如今"不再"花一分一秒的时间在责怪别人，埋怨上帝、父母或自我控告上，所以他们第二个共同点就是让自己身上仅存的优点变成优势，并且发挥得淋漓尽致。有些人为了修正缺点、改变坏习惯，不知花了多少精力、时间、金钱，仍徒劳无功；有些人明知自己有先天的缺陷和后天的缺点，却宁愿在优点上全力以赴，直至优点变成优势，并且帮助更多的人。海伦·凯勒以触觉听音，也聆听别人喉结中的音乐，真令人拍案叫绝，赞叹造物主的奇妙。第三个共同点就是他们在"改变"以后，都极虔诚地热爱生命、了解生命的本质，换言之，是生命的光热和上帝的恩典帮助他们走出自暴自弃的阴影，克服不良的习惯，跨越世俗的成功。

别人夸你两句就想上天了?

在现实的交往中，大凡习惯向别人敬献谄媚之词的人，总是抱着一定的投机心理，他们自信不足而自卑有余，无法通过名正言顺的方式博取对方的赏识，表现自己的能力，达到自己的目标，只好采取一种不花力气又有效益的途径——谄媚。

战国时，齐国有一个美男子邹忌。有一天，他问妻子道："我跟城北那个徐公比起来，谁俊美些?"

妻子答道："当然是你啊! 徐公怎么能跟你比呢?"邹忌的小妾和妻子的回答一样："当然是你啊! 徐公怎么能跟你比呢?"隔天，有位客人来访，客人也这么说。

又隔了一天，那位徐公到邹家拜访。邹忌仔仔细细地打量对方，看来看去，发现自己无论如何也比不上徐公。

"明摆着我不比徐公美，而为什么妻子、妾及客人偏偏说我比徐公美呢？"最后，邹忌恍然大悟："妻子说我比徐公美是对我的偏爱；妾说我比徐公美是讨好我，怕我不高兴；客人说我比徐公美是因为客人对我有所求啊！"

　　所以，当我们被别人赞扬的时候，要考虑到，别人拍自己马屁的因素是多方面的，因为爱，就会有偏袒；因为害怕，就会有不顾事实地讨好；因为有求于人，便会有虚夸。

　　历史上，因为不能正确对待他人赞美而导致失败的例子不胜枚举，最令人扼腕叹息的恐怕就是王安石笔下的方仲永了。

　　金溪县有个叫方仲永的人，他家世世代代以种田为业。方仲永长到 5 岁时便能作诗，并且诗的文采和寓意都极尽精妙，值得玩味。县里的人对此感到很惊讶，慢慢地都把他的父亲当作贤人看待，有的还拿钱给他们。他父亲认为这样有利可图，便每天拉着方仲永四处拜见县里有名望的人，表演作诗，却不抓紧让他学习。到最后，方仲永已与常人无异。他的聪明才智最终被完全棒杀了。

　　和方仲永不同的是，世界上越是伟大的人物，越能够清楚地认识自己的成功，对待他人的赞美，往往表现出谦虚谨慎的态度，有的甚至还很反感别人赞扬他。英国首相丘吉尔就是一个例子。

在第二次世界大战中，丘吉尔对英伦之护卫有卓越功勋。战后在他辞职时，英国国会拟通过提案，塑造一尊他的铜像，置于公园，令众人景仰。

一般人享此殊荣，高兴还来不及，丘吉尔却一口回绝了。他说：

"多谢大家的好意，我怕鸟儿喜欢在我的铜像上拉粪，还是免了吧。"

伟大的人物、不朽的功勋只有靠人心才记得住。建造塑像，不见得会使你的形象更加伟大，除了鸟儿在上边拉粪外，也许有一天还会有碍观瞻呢。

牛顿，这位杰出的学者、现代科学的奠基人，他发现了万有引力定律，建立了成为经典力学基础的牛顿运动定律，出版了《光学》一书，确定了冷却定律，创制了反射望远镜，还是微积分学的创始人……功绩显赫，光彩照人，可当听到朋友们称他为"伟人"时，却说："不要那么说，我不知道世人会怎么看我。不过我自己只觉得好像一个孩子在海边玩耍的时候，偶尔拾到几只光亮的贝壳。但对于真正的知识大海，我还是没有发现呢。"

有这样谦逊好学、永不满足的精神，牛顿的成功是必然的！

古今成大事业、大学问者，正是因为有了能够正确对待他人赞扬的态度和谦逊好学精神，才达到人生的光辉顶点。

就企业的发展而言，也是如此。现在，没有一个企业是孤立于社会而存在的，它在前进过程中总是不断要求社会的关注与反馈，不管是正面的还是反面的。但现在的许多报刊、电视往往在企业成功时不惜版面为之鼓与呼，却将缺点掩盖起来，听之任之。这样其实是将企业置于温室中，无形中丧失了自身免疫力，一旦企业患感冒发烧之疾患，便败得一发而不可收。这种情况值得我们的企业家和创业者深思。

骄傲的人其实都无知

所有骄傲的人都认为，自己有学识，有能力或有功劳；而谦逊的人却总是习惯认为自己还差得很远。骄傲者也许真的有其骄傲的资本，而谦虚者真的差得很远吗？

事实上，骄傲的真正原因并非饱学，而是因为无知。同样，谦虚的真正原因也不是他差得很远，恰恰相反，他的确不比别人差。谦虚与骄傲的原因在于一个人的总体修养如何，而不在于是否多读了几本书、多做了几件事。

希腊古代大哲学家苏格拉底的一则小故事，可以充分说明这个问题。苏格拉底是古希腊哲学家中最受人尊敬的一位。他不仅学识渊博，而且非常善于辨析，当时能够提出的任何问题，只要到了他的手里，没有不迎刃而解的。但是他非常谦虚，从来不以权威自居，总是循循善诱，让对方自己得出正确的结论。

由于博学而谦逊，苏格拉底被公认为最聪明的人。但是苏格拉底却一点也不这样认为。他说："不可能！我唯一知道的事情是，我一无所知。"

众人仍异口同声地称赞他是天下最聪明的人，并建议他到山上的神庙去占卜，看看天神的意见如何。于是苏格拉底来到神庙去占卜，占卜的结果明白无误：他确实是天下最聪明的人。面对神谕，苏格拉底无话可说了，但是口里仍然喃喃自语："我唯一知道的事情是，我一无所知。"可是总会有不少的人认为自己天下第一，这样的人，哪有不跌跟头的。

楚汉相争时，项羽勇将龙且奉命率领大军，日夜兼程向东进入齐地，救援齐王田广。韩信正要向高密进军，听说龙且兵到，召见曹参、灌婴二将，嘱咐他们："龙且是项羽手下有名的猛将，只可智取，不可跟他硬拼，我只能用计擒住他。"于是，命令部队后撤三里，选择险要的高地安营扎寨，按兵不动。

龙且以为韩信怯战，想渡河发起攻击。属下官吏向他建议："齐王田广数万部队已经吃了败仗，又都是本地人，顾虑家室，容易逃散；他们溃逃，我们也支持不住。韩信来势很凶，恐怕挡不住。最好是按兵不动，暂不与他正面交锋。汉兵千里而来，无粮可食，无城可守，拖他们一两个月，就可不攻自破了。"

龙且性高气傲，目空一切，他连连摇头道："韩信不过是一个市井小儿，有什么本领？听说他少年时要过饭，钻过人家的裤裆。这种无用之人，怕他什么！"副将周兰上前进谏道："将军不可轻视韩信。那韩信辅佐汉王平定三秦，平赵降燕，今又破齐，足智多谋，还望将军三思而行。"

龙且把手一摆，笑着说："韩信遇到的对手，统统不堪一击，所以侥幸成功。现在他碰上我，他才晓得刀是铁打的，我管教他脑袋搬家！"当下龙且派人渡水投递战书。

为准备决战，韩信命军士火速赶制一万多条布口袋。黄昏时分，韩信召部将傅宽，授予密计："你带兵各自带上布口袋，偷偷到潍水上游，就地取泥沙装进口袋里，选择河面浅窄的地方堆上沙口袋，阻挡流水。等明天交战时，楚军渡河，我军发出号炮，竖起红旗，即命兵士捞起沙口袋，放下流水。"

韩信命众将当夜静养，第二天见红旗竖起，立即全力出击。同时，他又命曹参、灌婴两军留守西岸，自己率兵渡到东岸，大声挑战道："龙且快来送死！"

龙且本是急性子，他跃马出营，怒气冲冲，举刀直奔韩信。韩信急忙退进阵中，众将出阵抵挡。韩信拍马就走，众将也忙退兵，向潍水奔回。

龙且哈哈大笑，说道："我早说过韩信是个软蛋，不堪一击嘛！"说着，龙且领头追去，周兰等随后紧跟，追近潍水，那汉兵却渡到河西去了。

龙且正追赶得起劲，哪管水势深浅，也就跃马西渡。周兰看见河水忽然浅了，有些怀疑，急追上去，想劝住龙且。楚军两三千人刚刚渡到河中，猛然一声炮响，河水忽然上涨，高了好几尺，接着便汹涌澎湃，如同滚筒卷席一般。河里的楚兵站立不稳，被汹涌的大浪卷走，不久便满河浮尸。

这时汉军阵中红旗竖起，曹参、灌婴从两旁杀来。韩信率众将杀回来。不管龙且如何骁勇，周兰如何精细，也冲不出汉军的天罗地网。结果是龙且被斩，周兰被擒，两三千楚兵统统当了俘虏。

列夫·托尔斯泰曾经有一个巧妙的比喻，用来说明骄傲的原因。他说：一个人对自己的评价像分母，他的实际才能像分数值，自我评价越高，实际能力就越低。

自视清高的人成就不会高

自视清高是成功者的特种病，是英雄头脑中的恶性肿瘤，是天之骄子的致命克星。人越是成功，就越容易形成这种习惯，而一旦形成，很少有人不失败的。

公元 219 年 7 月，吴将吕蒙来见孙权，建议乘关羽和曹操作战围樊城的时候，偷袭荆州。这建议正合孙权之意，他立刻被委以重任。

可是，吕蒙发现镇守荆州的蜀将关羽警惕性很高，荆州军马整齐，沿江又有烽火台警戒，互透军情，很难正面攻破。正在苦思偷袭之策，陆逊来访，教给吕蒙一条诈病之计。

陆逊说："关羽自恃是英雄，无人可敌。唯一惧怕的就是将军你了。将军乘此机会可假装有病，解去军职，把陆口的军事任务让给别人，又使接你职务的人大赞关羽英武，使关羽骄傲轻敌。这样，关羽就会把防守荆州的兵调去攻打樊城。假如荆州没有防备，将军只需用一旅的军队，出奇制胜偷袭荆州，便可以重新掌握荆州了。"吕蒙大喜，说："真好计也！"

后来，吕蒙果然请了病假，回到建业休息，并推荐陆逊代他守陆口。关羽得到消息知道吕蒙病重，已调离陆口，新来的陆逊名不见经传，遂有轻敌之心。他还收到了陆逊送来的礼物，附上一封措辞卑谦的信函。信中说："您在樊城一役中，把曹将于禁俘虏过来，水淹七军，远近赞叹，都说将军的功劳足以流芳百世。虽是晋文公大胜楚军的英勇，韩信打败赵兵的谋略，也不及您老人家……这次曹操失败了，我们听到也很高兴。但是，曹操很狡猾，不会甘心失败，恐怕会增调援兵，以求一逞野心。虽说曹军师老，还是很强悍的。况且战胜之后，一般都会出现轻敌的观念。所以古人用兵，胜利之后就应更加警觉。希望将军您多方面考虑计划，以获全胜。我只是一介书生，没有能力担任现职，幸好有您老人家这样强大的邻居，愿意把想到的贡献给将军做参考，希望将军能多加指教！"

关羽看了这信，仰面大笑，命左右收了礼物，打发使者回去。他觉得这个年轻书生人不错，用不着防范，于是，下令把原来防备东吴的军队陆续调往樊城前线。

就在这时，曹操用司马懿之计派使来到吴国，要孙权夹击关羽。孙权早已决定要袭取荆州，所以马上复信表示同意。这样，原来的孙、刘联盟抗曹，一下子变成了曹、孙联盟破刘，形势急转直下。孙权拜吕蒙为大都督，总制江东各路兵马，袭击关羽的后方。

吕蒙到了浔阳，命士兵们穿了白色的衣服扮作商人，借故潜入烽火台，攻取了荆州。事情到了这个地步，关羽才知道自己对东吴的防备太大意。为了重振军威，他带着日益减少的人马准备南下收复江陵。但是，在吕蒙、陆逊的分化瓦解下，他只能步步败退，最后只有困守麦城。在小城既得不到西川的消息，又盼不来援兵，他只好带一部分士兵偷偷地从城北小路逃往西川。但他哪里知道，吕蒙早已派兵埋伏在那里了，一阵鼓响，伏兵四出，关羽被生擒活捉。同年12月，关羽被斩首，荆州各郡县皆归东吴。

关羽之死，可谓千古悲歌。其人堪称"武圣"，一生忠义，几近完人。只因为自视清高，不得善终。虽然令人感叹，更为后人敲响了警钟。像关羽这样的英雄，尚且骄傲不得，其他人哪里还有骄傲的理由。

其实，只要脚下的某块石头一松动，就有坠入深渊的危险，而那些不可一世的英雄却浑然不觉，仍然独自陶醉于"一览众山小"的壮志豪情中。殊不知正是这种时候，脚下的石头是最容易松动的。

三国时候，祢衡很有文才，在社会上很有名气，但是，他恃才傲物，除了自己，任何人都不放在眼里。容不得别人，别人自然也容不得他。所以，他"以傲杀身"，被黄祖杀了。

祢衡所处的时代，各类人才是很多的，但他目中无人，经常说除了孔融和杨修，"余子碌碌，莫足数也"。即使是对孔融和杨修，他也并不很尊重他们。祢衡29岁的时候，孔融已经40岁了，他都常常称他们为"大儿孙文举，小儿杨德祖"。

经过孔融的推荐，曹操见了祢衡。见礼之后，曹操并没有立即让祢衡坐下。祢衡仰天长叹："天地这么大，怎么就没有一个人！"

曹操说："我手下有几十个人，都是当今的英雄，怎么说没人？"

祢衡说："请讲。"

曹操说："荀彧、荀攸、郭嘉、程昱机深智远，就是汉高祖时候的萧何、陈平也比不了；张辽、许褚、李典、乐进勇猛无敌，就是古代猛将岑彭、马武也赶不上；还有从事吕虔、满宠，先锋于禁、徐晃；又有夏侯惇这样的奇才、曹子孝这样的人间福将。怎么说没人？"

祢衡笑着说："您错了！这些人我都认识，荀或可以让他去吊丧问疾，荀攸可以让他去看守坟墓，程昱可以让他去关门闭户，郭嘉可以让他读词念赋，张辽可以让他击鼓鸣金，许褚可以让他牧羊放马，乐进可以让他朗读诏书，李典可以让他传送书信，吕虔可以让他磨刀铸剑，满宠可以让他喝酒吃糟，于禁可以让他背土垒墙，徐晃可以让他屠猪杀狗，夏侯惇称为'完体将军'，曹子孝叫作'要钱太守'。其余的都是衣架、饭囊、酒桶、肉袋罢了！"

曹操很生气，说："你有什么能耐？敢如此口出狂言？"

祢衡说："天文地理，无所不通；三教九流，无所不晓；上可以让皇帝成为尧、舜，下可以跟孔子、颜回媲美。怎能与凡夫俗子相提并论！"

这时，张辽在旁边，拔出剑要杀祢衡，曹操阻止了张辽，悄声对他说："这人名气很大，远近闻名。要是杀了他，天下人必定说我容不得人。他自以为了不起，所以我要他任教吏，以便侮辱他。"

一天，祢衡去面见曹操，曹操特意告诉看门人："只要祢衡到了，就立刻让他进来。"祢衡衣衫不整，还拿了一根大手杖，坐在营门外，破口大骂，使曹操侮辱祢衡的目的没能达到。

有人又对曹操说："祢衡这小子实在太狂了，把他押起来吧！"

曹操当然很生气，但考虑后还是忍住了，说："我要杀他还不容易？不过，他在外总算有一点名气。我把他送给刘表，看看结果又会怎么样吧。"就这样，曹操没有动祢衡一根毫毛，让人把他送到刘表那儿去了。

到了荆州，刘表对祢衡不但很客气，而且"文章言议，非衡不定"。但是，祢衡骄傲之习不改，多次奚落、怠慢刘表。刘表又出于和曹操一样的动机，把他送给了江夏太守黄祖。

到了江夏，黄祖也能"礼贤下士"，待祢衡很好。祢衡常常帮助黄家起草文稿。有一次，黄祖曾经握住他的手说："大名士，大手笔！你真能体察我的心意，把我心里要想说的话全写出来啦！"

但是，后来在一条船上，祢衡又当众辱骂黄祖，说黄祖"就像庙宇里的神灵，尽管受大家的祭祀，可是一点儿也不灵验"。黄祖下不了台，恼怒之下，把祢衡杀了。祢衡死时才 26 岁。

曹操知道后说："迂腐的儒士摇唇鼓舌，自己招来杀身之祸。"

祢衡短短一生，没有经历什么大事，很难断定他究竟才高几何。然而狂傲至此，即便有孔明之才，也必招杀身之祸。可见，自视清高会带来什么样的后果。

死要面子活受罪

自尊心人皆有之，而要面子的习惯则是自尊心的具体表现。一个人不可能不要面子，但又不能够死要面子。死要面子的人，就往往会真正丢了面子。

曹雪芹在小说《红楼梦》、曹禺在话剧《北京人》中，都以生动的笔触，真实地描写了本已败落但仍不肯放下架子的诸多"世家子弟"的形象。在他们看来，如果这些架子一旦全不存在，活着还有什么意思！在这里架子实际也就是面子，可见，有些人是把面子看得比生命还重要的，这就是他们的人生道理。

面子当然不能不要，一个一点面子也不要的人，恐怕自尊心也不复存在。关键的问题是要搞清怎样做才算不丢面子？什么面子可以丢，什么样的面子应当保？

一句话，出于虚荣的面子应当丢，有关人格的面子需要保，不保何以处世？而保的办法则在于实事求是。事实俱在，曲直分明，面子不保亦在；哗众取宠，装腔作势，面子虽保亦失。不适当地过分看重面子，在中国传统习惯里是颇为严重的，其实，"面子"是中国人心理上的沉重包袱，看似薄薄的情面，其实质则有令人难堪的苦衷。

中国古籍《墨子·离娄下》中讲了这样一则故事：齐国有一位穷酸先生，娶了一个媳妇，还有一位"偏房"，这位先生祖上也许发达过，可现在不行了，然而他的面子可低不下来，就是在自己的妻、妾面前也忘不了打肿脸充胖子。于是他对她们说，经常有贵客请他赴宴，而且每次回来都装成酒足饭饱的模样。其实，每天他都来到东门外的一个墓地里，跑到上坟人那里去乞讨剩余的祭品。原来他就是这样参加宴会的！而每天他都跑来洋洋自得地在他一妻一妾面前摆出一副不可一世的样子，丝毫也不感觉惭愧。

在他看来，这样才算有面子，还管什么死要面子活受罪。"面子"有时还是伤害自我的导火索。

在中国古代的时候，人们把勇敢看成有面子，所以，传说有两位勇士，为了表示勇敢，居然互割对方的肌肉下酒，最后双双送了性命，这种要面子，当然是非常愚蠢的。但是在那个时候，却也司空见惯，并不足怪。

在商品经济的社会中，人类社会在不断分化，贫富差距在不断加大，许多人在社会剧变中失去了自我价值的判断，他们的心理遭到极大的扭曲，因此只有借助于虚荣来满足自己的面子和虚荣心。

有些人即使债台高筑，也要挥金如土，与他人比吃、比穿、比用、比收入，当官的比轿车、比住房、比待遇、比职级……在操办红白喜事时，讲排场、摆阔气，在住房装修中，比豪华气派，在生活消费中，大手大脚，寅吃卯粮，借贷消费，其目的都是需求他人将目光聚集在自己身上。虚荣的情绪与他人的反应息息相关，他人反应的变化会使虚荣的情绪迅速响应调整。从小处说"面子"所带来的虚荣心腐蚀了人的正常心理，破坏了人的健康情绪，成为人们性格中的一个毒瘤。虚荣心会使人变得怪僻而孤独。

有一位在某研究所工作的科研人员，技术与学识上也许并不太差，但由于自尊心过强，所以尽管年逾不惑，却仍然和同事们难以和睦相处。原因是，不管是在学术问题的讨论上，还是在工作方案的安排上，甚至就连日常琐事的看法和处理上，只要别人意见与自己不合，他就觉得面子受了损害，一点也不能容忍，立即发作起来，非要别人按自己的想法去办不可，否则就会不依不饶，甚至恶语相加。因为，他觉得自己永远高人一筹，意见必然正确无误，别人只有跟着走的份儿，否则就是以邪压正，同时也是不给自己面子。正因为他的这种毛病，所以凡与他相处稍久的人，无不敬而远之，避之犹如瘟疫。

试想，一般人在这种环境下，只有委屈忍耐，可他自己却安之若素，可见虚荣心影响人际关系。

　　在中国乡间，邻舍有时会吵架，吵架不能没有和事佬，而和事佬最大的任务便是研究出一个脸皮的均势的新局面来，好比欧洲的政治家，遇有国际纠纷的时候，不能不研究出一个权力的均势的新局面来一样。遇到这种案件的时候，和事佬的目的决不在公平的解决，使权利义务各有所归，而在把脸皮向当事的双方分配一下，厚薄多少，各不吃亏。至于公平的处断，虽有它的好处，但在东方人看来，往往认为是不可能的。在县衙门里的公堂上，这条脸皮均势的原则是一样的适用，一大部分的官司，归根结底总是打一个平手，两不相亏，各不伤脸。

　　既然大家都有面子，所以一定要相互照顾，为了保全脸面，人与人相处就须十分小心了，要善于察言观色，领悟别人的话外之音，而不能过分相信自己的直觉。为了防范小人，以免砸了自己，于是大家逐渐掌握了一套很有应用价值的"会议语言"——在会议或其他公开场合向大家表白的语言，其特点是谦虚、圆融。

　　谦虚的如：我是来学习、取经的；抛砖引玉；难免有错，敬请指教，等等，其作用是避免人家说你自负、骄傲，且可做免战牌之用。

　　圆融的如：虽然……但是；一分为二；原则上同意，等等，其作用是避免任何可能的偏颇，把思想锋芒藏起来，叫人抓不到话柄。很多人掌握了这样的习惯：要评上"先进"就要争取提名，因为在评比会上谁也不愿当面说你不够资格。

所以，哪怕明明是一位差劲的候选人，最终也能获得全部赞成票。当然，事后又免不了一场背地议论，因为人们投了一张违心的赞成票，总要发泄心里的积怨。与其如此，还不如不要讲究虚荣心，实事求是的好。当然，重要的是知道什么情况下应给人留面子，什么情况下要坚持原则。

学不会反省怎么能成功

人是随着时间而成长的，不仅形体如此，思维习惯也是如此。10 年前也许你认为金钱万能，只要有了钱就算是拥有了世界。5 年前你可能认为唯有事业成功这一生才算是没有白过。现在呢？或许你会觉得唯有心境愉快才是生命的最终意义。

不管这 10 年来的改变如何，也不管改变是正面还是负面，你都得反省反省。因为至少你知道自己是个什么样的人，也会了解为什么会有这样的变化。

大多数人就是因为缺乏自省习惯，不晓得自己这些年以来的转变，才会看不清楚自己。而一个不晓得自身变化的人，就无法由过去的演变经验来思考自己的未来，当然只能过一天算一天。

一个人如果能随时反复诘问自己过去的转变，就可以找出以往看待事物的观点是对还是错，若是正确，则往后当然可以继续以此眼光去面对这个世界；万一是错的，也可以加以修正。如此，则可以帮助你往后以正确的习惯去看待周遭的事物。

有空时多想想吧！因为良好的习惯有益于健康。

另外，反省自己时，还要保持乐观情绪。俗话说"笑一笑，十年少"。乐观的情绪不仅能使你显示青春活力，还将有助于增强机体免疫力，免受疾病的侵袭。

在快节奏的都市生活中，人们会面临种种压力，勇敢地面对现实，把压力当作是一种挑战将更有利于人的身心健康。

学会原谅，才能抛弃怨恨。怀有怨恨心理的人情绪波动较大，不是整天抱怨，就是后悔；不是对人怀有敌意，就是自暴自弃。这样容易产生心理障碍。所以，平时应学会抛弃怨恨，要原谅别人，更要原谅自己。

富有幽默感。有人称幽默是"特效紧张消除法"，是健康人格的重要标志。许多健康的事业成功者，都具有幽默感。

善于宣泄感情。不善于用语言来表达自己的忧伤或难过等感情的人容易患病，而压抑愤怒对机体也同样有害，更不能用酗酒、纵欲等不健康的生活方式来逃避现实。伤心的人痛哭一场，或与知心朋友谈谈心，或参加程度剧烈的体育运动后，常会感到心情舒畅，这就是宣泄感情的意义。

学会反省，还要拥有爱心。拥有爱心不仅会使世界变得更美好，而且会更有助于自己的身心健康。乐于助人还可使你广交朋友，这不仅是人生的一大乐事，而且还会使人更长寿。

怕困难就不要成功

毋庸讳言，在现实生活中，我们每个人都会畏惧困难，害怕困难。但是，一个人要想获得成功，就必须向困难挑战，而不能让"习惯"的势力阻碍了你前进的步伐。

小王害羞，胆小，不自信，每逢老师或同学让他做什么事时，他总是不好意思地说："不行不行，我不行。"

后来小王下定决心：明天一定要以新的面貌出现在大家面前。但到了第二天，却总是又恢复了老模样。小王明白了一个道理：在一个熟悉的环境中要改变自己是不容易的，它需要很大的勇气。但在当时小王恰恰缺乏这一勇气，所以小王那种不自信的样子一直持续到高中毕业。

上大学后，小王来到了一个全新的环境中，于是小王要建立自信的勇气与日俱增。小王每天都面带微笑，精神饱满，干劲冲天。小王在心里暗暗为自己加油，暗示自己"我能行"！后来，小王班里成立了篮球队，因为小王个头高，尽管不会打，也入选了，从此小王就向同学学习关于篮球的知识和技术，每天都抱着篮球到操场练一会儿。几个月下来，小王由篮球队的"门外汉"成了一名篮球队的主力。

美国有个NBA联赛，经常在NBA联赛中出场的有个夏洛特黄蜂队，黄蜂队有一位身高仅1.60米的运动员，他就是蒂尼·博格斯，NBA最矮的球星。博格斯这么矮，怎么能在巨人如林的篮球场上竞技，并且跻身大名鼎鼎的NBA球星之列呢？这是因为博格斯的自信。

博格斯从小就喜爱篮球，可因长得矮小，伙伴们瞧不起他。有一天，他很伤心地问妈妈："妈妈，我还能长高吗？"妈妈鼓励他："孩子，你能长高，长得很高很高，会成为人人都知道的大球星。"从此，长高的梦像天上的云在他心里飘动着，每时每刻都在闪烁希望的火花。

"业余球星"的生活即将结束了，博格斯面临着更严峻的考验——1.60米的身高能打好职业赛吗？

博格斯横下一条心，要靠1.60米的身高闯天下。"别人说我矮，反而成了我的动力，我偏要证明矮个子也能做大事情。"在威克·福莱斯特大学和华盛顿子弹队的赛场上，人们看到博格斯简直就是个"地滚虎"，从下方来的球百分之九十都被他收走，他越是个儿矮越是飞速地低运球过人……

后来，博格斯进入了夏洛特黄蜂队（当时名列 NBA 第三），在他的一份技术分析表上写着：投篮命中率 50％，罚球命中率 90％……

一份杂志专门为他撰文，说他个人技术好，发挥了矮个子重心低的特长，成为一名使对手害怕的断球能手。"夏洛特的成功在于博格斯的矮"，不知是谁喊出了这样的口号，许多人都赞同这一说法，许多广告商也推出了"矮球星"的照片，上面是博格斯纯朴的微笑。后来博格斯已与夏洛特队接连签过 7 个赛季的合同，最后一个赛季一签就是 5 年，总薪水 750 万美金。他曾多次被评为该队的最佳球员。

博格斯至今还记得当年他妈妈鼓励他的话，虽然他没有长得很高很高，但可以告慰妈妈的是，他已经成为人人都知道的大明星了。

前不久，这位矮星说，他要写一本传记，主要是想告诉人们："要相信自己，只有相信自己，才能成功。"

博格斯的经历给了小王很大启发，坚定了小王一定要成功的志向，增加了他相信自己的勇气，他想，只要自己一直坚持下去，就一定能成功。

每个人都祈求成功，但是最终只有对自己充满自信的人，才能有幸到达成功的彼岸。没有自信，毛泽东不可能写出"到中流击水，浪遏飞舟"的豪迈诗句；没有自信，罗斯福不可能以残疾之躯，带领美国人民走出"大萧条"的阴影；没有自信，许海峰不可能在奥运会上一枪打出中国人的荣耀……

但在具体做时，要注意以下两点：

1. 注重暗示的作用。"暗示"是一个心理学名词，主要指人的主观感受、主观意识对人的行为的一种引导、控制作用。很多人都有这种体会：当一个人生病时，亲人、朋友总要关切地告诉他，要打起精神，振作起来，或者是好好休息，安心静养；谚语中也有"心病要用心药治"的说法，这些都是"暗示"在社会生活中的应用。例如我们在每次考试前或比赛前，总要在心中默念："我能考好"或"我能行"之类的话，这样可使自己从心理上放松，久而久之也逐渐地培养了自信的习惯。

2. 从行为方式上给人以自信的印象。行为方式是人的思想品质的外在体现，如果行动上躲躲藏藏，或者不知所措，很难令人把你同自信联系起来。每当我们和人谈话时，我们都要看着对方的眼睛，不躲避对方的目光；说话时要尽量清晰而有条理地表达，不让声音憋在嗓子里。有时我们对要表述的内容心中没底，就先预演一番，这样心里就有把握了。

在成功的过程中，知识、技能的储备是自信的基础，具备了足够的知识和实际能力，自信就会发自内心，不必强装。否则，越是显得自信，就越是不自信。面对困难，我们应大声地对自己说："我能行！"

乐观面对失败

面对挫折和失败，唯有养成乐观积极的习惯，才是正确的选择。在人生的旅途上，我们必须以乐观的态度来面对失败。因为在人生之路上，一帆风顺者少，曲折坎坷者多，成功是由无数次失败构成的，正如美国通用电气公司创始人沃特所说："通向成功的路就是：把你失败的次数增加一倍。"但失败对人毕竟是一种"负面刺激"，总会使人产生不愉快、沮丧、自卑。那么，如何面对、如何自我解脱，就成为能否战胜自卑、走向自信的关键。

其一，做到坚韧不拔，不因挫折而放弃追求；其二，注意调整、降低原先脱离实际的"目标"，及时改变策略；其三，用"局部成功"来激励自己；其四，采用自我心理调适法，提高心理承受能力。

要使自己不成为"经常的失败者"，就要善于挖掘、利用自身的"资源"。虽然有时个体不能改变"环境"的"安排"，但谁也无法剥夺其作为"自我主人"的权利。应该说当今社会已大大增加了这方面的发展机遇，只要敢于尝试，勇于拼搏，是一定会有所作为的。屈原放逐乃赋《离骚》，司马迁受宫刑乃成《史记》，就是因为他们无论什么时候都不气馁、不自卑，都有坚韧不拔的意志！有了这一点，就会挣脱困境的束缚，走向人生的辉煌。

此外，作为一个现代人，应具有迎接失败的心理准备。世界充满了成功的机遇，也充满了失败的可能。所以要不断提高自我应付挫折与干扰的能力，调整自己，增强社会适应力，坚信失败乃成功之母。若每次失败之后都能有所"领悟"，把每一次失败当作成功的前奏，那么就能化消极为积极，变自卑为自信。

另外，一个人的身体状态是受其心理和精神状态的影响的，大约有一半以上的疾病是由心理和精神方面引起的，因此，掌握心理平衡对人的健康是非常重要的。

在我们的生活中，几乎每个人都会遇到一些让人难堪的局面，遇到窘境，如何冷静应对，调整心情呢？

古代有一个文人叫梁灏，少年时曾立下誓言，不考中状元誓不为人。结果时运不济，屡试不中，受尽别人的讥笑。但梁灏并不在意，他总是自我解嘲地说，考一次就离状元近了一步。他在这种自嘲的心理状态中，从后晋天福三年开始应试，历经后汉、后周，直到宋太宗雍熙二年才考中状元。他写过一首自嘲诗：天福三年来应试，雍熙二年始成名。待他白发头中满，且喜青云足下生，观榜更无朋侪辈，到家唯有子孙迎。也知少年登科好，怎奈龙头属老成。自嘲使梁灏走过了漫长的坎坷，终于走向成功。自嘲，也使他走向了长寿，活过了古代难以逾越的九旬高龄。

有一篇文章讲到，在一次舞会上，一个个头偏矮的男子邀请一位身材高挑的女孩跳舞，那女孩拒绝道："我从不与比我矮的男人跳舞。"男人听了没有发火，也没有指责对方，而是淡淡一笑，自嘲地说："我真是武大郎开店，找错了帮手！"那女孩听后脸红耳赤，反而不自然起来。自嘲，使那位男士走出窘境，保持了心境的平衡，而且还把尴尬抛还了那个伤害自己的女孩。

其实，用自嘲来稳定情绪的方法很多。比如：当你在经济上受到不合理的待遇时，你的生理缺陷遭到别人的嘲笑时，无端受到别人攻击时，你不妨采用阿Q的精神胜利法，比如"吃亏是福""破财免灾"等等调节一下你失衡的心理；在一些非原则问题上，可以装装糊涂，为心灵增加一层保护膜；在时机适当时还可如前所述，幽他一默。

自嘲，是宣泄积郁、制造心理快乐的良方，当然也是反嘲别人的武器。学会自嘲，你就会拥有一个平稳和健康的心理，一副健康的体魄。

成功的人都能原谅自己的错误

也许你会怀疑："人类不都是自私的吗？怎么要学会宽恕自己呢？"是的，人总是会很容易原谅自己，不过，这只是表面上的饶恕而已，如果不这么自我安慰的话，如何去面对他人？但在深层的思维里，一定会反复地自责："为什么我会那么笨？当时要是细心一点就好了。"或者"我真该死，这样的错怎能让它发生？"

如果你还不相信，请你再想想自己有没有犯过严重的错误，如果想得出来的话，那你一定还耿耿于怀，没有真的忘了它。表面上你是原谅了自己，实际上你是将自责收进了潜意识中。

我们可以对他人宽大，难道自己就没有资格获得这种仁慈的对待吗？没错，我们是犯了错。但除了上帝之外，谁能无过？犯了错只表示我们是人，不代表就该承受如下地狱般的折磨。我们唯一能做的只是正视错误的存在，由错误中学习，以确保未来不会发生同样的憾事。接下来就应该获得绝对的宽恕，再下来就得把它给忘了，继续前进。

人的一生中犯的错误可能会很多，要是对每一件都深深地自责，一辈子都背着一大包袱的罪恶感过活，你还能奢望自己走多远？

人生之帆，不论顺风或逆风都要前进。宽恕自己，才能把犯错与自责的逆风，化为成功的动力。

学会宽恕自己，其中一个方法就是要接受自己——不仅要接受自己的优点，也要接受自己的缺点。我们绝大部分人对自己都持有双重的看法，在他们的想象中，在两个不同的房间里挂着自己不同的肖像画。一个房间的画像全是用浓墨重彩画成，全部表现其优秀品质，没有任何阴影。另外一个房间里挂的是帆布画，画像稀奇古怪，就像达利安人所做的涂鸦之作，画面阴暗沉重，令人窒息。

我们不能将这两幅画像隔离起来，片面地看待自己，而是需要将其放到一起综合考察，最后合二为一。我们在踌躇满志时，往往不敢正视自己内心的愧疚、仇恨和羞辱；在垂头丧气时，却又不敢相信自己拥有的优点和取得的成就。

我们应该画出自己的新画像；更应该实事求是地接受自己、了解自己，我们所做的一切不是十全十美的。很多人常常会过分严格地要求自己，凡事都希望完美无缺，妄想自己能像上帝一般的完美无缺，这是不理智的想法。我们每个人都是一个综合体，在我们身上都有暴君、批评家和勇士的某些性格特征。有时候我们希望支配他人、算计别人，快意于别人的苦痛，但这些习惯是能够也必须服从于人格中的善的一面的。

有些人因为自己有时候具有消极的破坏性感情，就以为自己是邪恶的，于是一蹶不振，自暴自弃，这很让人惋惜。我们应该明白，少许的性格缺点并不能说明我们就是不受欢迎的人。恩莫德·巴尔克曾警告人类说，以少数几个不受欢迎的人为例来看待一个种族，这种以偏概全的做法是极其危险的。在今天，对人的个性采取以偏概全的做法，同样也是极其危险的，我们应该避免这种做法。我们对自己、对别人具有攻击性、怀有仇恨，这些感情是人性的一部分，但我们不必因此就厌恶自己，觉得自己就像社会的弃儿一般。意识到这一点，我们就能在精神上获得超脱和自由。

如果我们能坦然接受自己的这些缺点，我们就不必戴着面具去生活。我们就会真正成为自己本身！道德上的过于自负及苛刻的自我要求，都是内心世界的最大敌人。我们要学会适当地宽容自己，要知道我们不可能像天使那样纯洁无瑕，能认识到这一点，我们才能保持内心的平静。

在现实生活中，人会有各种各样的习惯、冲动、品性、情感，我们应该为之高兴才是。史蒂文森曾经说过："世界是如此的丰富多彩，我们就像国王般幸福快乐。"这句话虽然带着孩子般的天真烂漫，但如果采取前述的态度和习惯理解这句话，我们便可以充分领会到这句话的深刻内涵。

但要想形成这种面对生活的习惯，是不大可能一蹴而就的。我们的进步是缓慢的、渐进的，有时甚至让人灰心丧气。

　　纽约的一位精神病医生遇到一个病人，这个病人酒精中毒，已经治疗了两年。有一次，病人来看医生，要进行心理治疗。病人告诉医生说，前两天他被解雇了。当心理治疗完毕后，病人说："大夫，如果这件事发生在一年前，我是承受不住的。我想自己本来可以做得更好，避免这类事情的发生，但却未能做到，为此我会去酗酒。说实话，昨天晚上我还这么想呢。但我现在明白了，事情既然已经发生了，就该正视它，坦然地接受它。失败就像成功一样，是人生中难得的经历，它是我们人生中不可避免的一部分。"

　　医生认为，病人对自己如此宽宏大度，这是一个显著的进步。正像医生所预测的那样，此后，在另外一个工作领域，这个前来求医的患者取得了令人瞩目的成就。如果人们能坦然接受生活的全部，那么不论是成功还是失败，都不可能使他动摇达到目的的决心。

如果我们对自己采取一种多元主义的态度，我们就会正确看待各种不良心境。沮丧、残酷、执拗，这些都只是暂时的现象，是人的多种情感之一。要求自己完美无缺，怀有这种想法的人往往极其脆弱，他们常常会因为对自己过分苛刻而感到绝望。作为多元主义者，我们有时候可以将自己想象得更好一些，有时候把自己想象得差一点也无妨，我们不再要求自己完美无缺。每个人的习惯中都有引起失败的因素，也有导致成功的因素。我们应有自知之明，把这两个方面都看作是人性的固有成分，接受它们，进而努力发挥人性中的优点。

塞翁失马，也会有收获

人赤条条地来到这个世界，又手握空拳地离去。人的一生不可能永久地拥有什么，一个人获得生命后，先是童年，接着是青年、壮年、老年。然而这一切又都在不断地失去，在你得到一些东西的同时，你其实也在失去一些东西。所以说人生获得的本身就是一种失去。

一位旅客去三峡旅游，站在船尾观赏两岸景色时，不小心将手提包掉落在江中，包中有不少钞票，他不假思索地跃身投水捞包，虽然包抓到手中，可人再也没有上来。这位旅客如果学会习惯失去，就不至于连生命也赔进去。

人生在世，有得有失，有盈有亏。有人说得好，你得到了名人的声誉或高贵的权力，同时就失去了做普通人的自由；你得到了巨额财产，同时就失去了淡泊清贫的欢愉；你得到了事业成功的满足，同时就失去了眼前奋斗的目标。我们每个人如果认真地思考一下自己的得与失，就会发现，在得到的过程中也确实不同程度地经历了失去。整个人生就是一个不断地得而复失的过程。一个不懂得什么时候该失去什么的人，就是愚蠢可悲的人。俄国伟大诗人普希金在一首诗中写道："一切都是暂时，一切都会消逝；让失去的变为可爱。"居里夫人的一次"幸运失去"就是最好的说明。

　　1883 年，天真烂漫的玛丽亚（居里夫人）中学毕业后，因家境贫寒无钱去巴黎上大学，只好到一个乡绅家里去当家庭教师。她与乡绅的大儿子卡西密尔相爱，在他俩计划结婚时，却遭到卡西密尔父母的反对。这两位老人深知玛丽亚生性聪明，品德端正。但是，贫穷的女教师怎么能与自己家庭的钱财和身份相配称？父亲大发雷霆，母亲几乎晕了过去，卡西密尔屈从了父母的意志。

　　失恋的痛苦折磨着玛丽亚，她曾有过"向尘世告别"的念头。但玛丽亚毕竟不是平凡的女人，她除了个人的爱恋，还爱科学和自己的亲人。于是，她放下情缘，刻苦自学，并帮助当地贫苦农民的孩子学习。几年后，她又与卡西密尔进行了最后一次谈话，卡西密尔还是那样优柔寡断，她终于砍断了这根爱恋的绳索，去巴黎求学。这一次"幸运的失恋"，就是一次失去。如果没有这次失去，她的历史将会是另一种写法，世界上就会少了一位伟大的科学家。

学会习惯于失去，往往能从失去中获得。得其精髓者，人生则少有挫折，多有收获。从而由幼稚走向成熟，从贪婪走向博大。因为我们的整个人生，就是一个不断地得而复失的过程。

管好自己才有可能成功

做人行事，只有心中有了准则，才能站得稳脚跟，立于不败之地。同样，一个人要想获得成功，就要学会给自己下命令。

明英宗天顺年间，冯俊进京赶考。路费不足，便带了些家乡土产，边走边卖，换些盘缠。走到山东时，他又变卖了些土产。当一家店主发现用土产变卖所得的银子是假的的时候，冯俊大吃一惊。店主让他把这些银子一点一点使出去，因为许多人是分辨不出来的。冯俊想，这怎么可以呢？第二天上路后，他把这些假银子全扔进河里，说："别让这些假银子再去坑害别人了！"后来，冯俊考中了进士，被任命为朝廷要员，许多朋友前来祝贺。其中有位友人之子为了求官，送来四块墨。冯俊接过墨，仔细一看，原来这四块墨是四块紫金做的，十分昂贵。那友人之子说："求大人帮忙，为我谋得一官半职，后当再报！"冯俊大怒，将 4 块紫金锭扔回到友人之子面前，说："若有才华，不送金，我也举荐。若无才华，送金也不行。拿回去，我不稀罕这些东西！"

当今社会，市场上竞争激烈，成功的秘诀就是今天做明天的工作。如何加强自我管理，今天做明天的工作呢？

（1）必要的物质准备。如果光盘和文件摆放得井井有条，你就可以在几分钟内迅速查找到所需信息，以避免不能轻易地找到所需物品而放慢，甚至中断工作。

（2）最好把便条固定地放在某个地方，或把它们收集在标有日期的日记簿里，以便能迅速地找到。

（3）必须熟知可能遇到的所有组织程序。如果确有合理的程序，你就要找到它。如果没有，那么就该制定一个了。

（4）足够的睡眠和合理而健康的日常饮食，是保持良好身体状况的必要准备。

（5）把握时间灵活度，快速判断什么时候需要寻求更多的帮助。这样会使你按时赶到工作地点，实施工作计划，合理调整工作任务。

（6）与你的同事建立良好的关系，当你需要帮助时，他们愿意考虑为你提供帮助。而且，对上级主管和客户来说，你完成任务的情况必须一向很好，这样，当你迫不得已说"不"的时候，他们也能给予充分的理解。

（7）预先作好一天的计划。你必须了解每项工作可能会发生的问题，并能采取预防措施，防微杜渐。只要可能，或许你昨天就能完成今天必须完成的任务。

（8）喜欢并善于解决问题。当事情出了问题时，不会恐慌得坐立不安，也没有必要为最坏的情形吓倒。你考虑的是，为什么会出现这些问题，现在要做什么，以及今后怎样才能避免这类问题。良好的准备对你保持冷静极有帮助。

经不起鲜花和掌声就守不住成功

在荣誉面前"吃独食"的习惯，也就是说一个人把成果独吞，会引起他人的反感，从而为下一次合作带来障碍。正确对待荣誉的方法是：感谢、分享、谦卑。

美国有家罗伯德家庭用品公司，8年来生产迅速发展，利润以每年18％～20％的速度增长。这是因为公司建立了利润分享制度，把每年所赚的利润，按规定的比率分配给每一个员工，这就是说，公司赚得越多，员工也就分得越多。员工明白了"水涨船高"的道理，人人奋勇，个个争先，积极生产自不待说，还随时随地地挑剔产品的缺点与毛病，主动加以改进。

俗话说，有福同享，有难同当。当你在工作和事业上取得些成绩，小有成就时，这当然是值得庆贺的一件事情。但是有一点，如果赢得这一点成绩是大家集体的功劳，或者离不开他人的帮助，那你千万别把功劳据为己有，否则他人会觉得你好大喜功，抢占了他人的功劳。如果某项成绩的取得确实是你个人的努力，当然应该值得高兴，而且也会得到别人对你的祝贺。但你自己一定要明白，千万别高兴得过了头。一方面可能会伤害有些人的自尊心，另一方面现实社会中害"红眼病"的人不少，如果你过分狂喜，能不逼得人家眼红吗？

有一位列森先生很有能力，他是一家出版社的编辑，并担任下属的一个杂志的主编。平时在单位里上上下下关系都不错，而且他还很有才气，工作之余经常写点东西。有一次，他主编的杂志在一次评选中获了大奖，他感到十分荣耀，逢人便提自己的努力与成就，同事们当然也向他表示祝贺。但过了一段时间，他却失去了往日的笑容。他发现单位同事，包括他的上司和属下，似乎都在有意无意地和他过不去，并回避着他。

列森为什么会遇到这种结局？其实原因很简单，他犯了"独享荣誉"的错误。就事论事，这份杂志之所以能得奖，主编的贡献当然很大，但这也离不开其他人的努力，他们当然也应分享这份荣誉。他们不会认为某个人才是唯一的功臣，总是认为"没有功劳也有苦劳"，所以这位主编"独享荣誉"，当然会引起别人的不满，尤其是他的上司，更会因此而产生一种不安全感，害怕他功高盖主。

所以，当你在工作上有特别表现而受到别人肯定时，千万要记住一点——别"吃独食"，否则这份荣耀会给你的人际关系带来障碍。当你获得荣耀时，应该做到以下几点：

一、与人分享

即使是口头上的感谢也算是与他人分享，而且你也可以让更多的人和你一起分享，反正说几句话对你也没什么损失！当然别人倒并不是非得要分你一杯羹，但你主动与人分享，这让旁人觉得自己受到尊重，如果你的荣耀事实上是众人协力完成，那你更不应该忘记这一点。你可以采取多种与他人分享的方式，如请大家喝杯咖啡，或请大家吃一顿。别人分享了你的荣耀，就不会为难你了。

二、感谢他人

要感谢同仁的协助，不要认为都是自己的功劳。尤其要感谢上司，感谢他的提拔、指导。如果事实正是这样，那么你本该如此感谢；如果同仁的协助有限，上司也不值得恭维，你的感谢也就更为必要，虽然显得有点虚伪，但却可以使你避免成为他人的箭靶。为什么很多人上台领奖时，他们首先要讲的话就是"我很高兴！但我要感谢……"就是这个道理。这种"口惠而实不至"的感谢虽然缺乏"实质"意义，但听到的人心里都很愉快，也就不会妒忌你了。

三、为人谦卑

有些人往往一旦获得荣耀，就容易忘乎所以，并从此自我膨胀。这种心情是可以理解的，但旁人就遭殃了，他们要忍受你的嚣张，却又不敢出声，因为你正是春风得意。可是慢慢地，他们会在工作上有意无意地让你为难，让你碰钉子。因此有了荣耀时，要更加谦虚。不卑不亢不容易，但"卑"绝对胜过"亢",就算"卑"得过分也没关系,别人看到你如此谦卑,当然不会找你麻烦,和你作对了。

当你获得荣耀时,对他人要更加客气,荣耀越高,头要越低。另一方面,别老是说起你的荣耀,说得多了就变成了一种自我吹嘘,既然别人早已经知道你的功劳,那你又何必总是经常提起呢?

其实,别独享荣耀,说穿了就是不要去威胁别人的生存空间,因为你的荣耀会让别人产生一种不安全感。而当你获得荣誉时,你去感谢他人、与人分享、为人谦卑,这正好让他人吃下了一颗定心丸,人性就是这么奇妙。

因此,当你获得荣耀时,一定要记住以上几点。如果你习惯了独享荣耀,那么总有一天你会独吞苦果。

第七章

没有不能改变的习惯

怕被批评可不是好习惯

当你被别人批评时，最好的习惯是以此为诫，有则改之，无则加勉。最糟糕的习惯是拒绝批评，与批评人争高论低。在成功者的眼中，任何批评都是防止错误的良药！假如有人骂你是"笨蛋"，你怎么办呢？生气吗？觉得受到了侮辱吗？

有一次，爱德华·史丹顿称林肯是"一个笨蛋"。史丹顿之所以生气是因为林肯干涉了史丹顿的业务，由于为了要取悦一个很自私的政客，林肯签发了一项命令，调动了某些军队。史丹顿不仅拒绝执行林肯的命令，而且大骂林肯签发这种命令是笨蛋的行为。结果怎么样呢？当林肯听到史丹顿的话之后，他很平静地回答说："如果史丹顿说我是个笨蛋，那我一定就是个笨蛋，因为他几乎从来没有出过错。我得亲自过去看一看。"

林肯果然去见史丹顿，他知道自己签发了错误的命令，于是收回了该命令。

我们都应该欢迎这一类的批评，因为我们甚至不能希望我们做的事有四分之三正确的机会。爱因斯坦是世界上最有名的物理学家，他也承认他的结论有百分之九十九都是错的。

卡耐基承认，很多次他都知道这句话是对的。可是每当有人开始批评他的时候，只要他稍不注意，就会马上很本能地开始为自己辩护——甚至可能还根本不知道批评者会说些什么。但他每次这样做的时候，就觉得非常懊恼。我们每个人都不喜欢接受批评，而希望听到别人的赞美，也不管这些批评或这些赞美是不是公正的。

那么，当我们受到不公正的批评时该怎么办？卡耐基告诉我们一个办法："当你因为觉得自己受到不公正的批评而生气的时候，先停下来说'等一等'……我离所谓完美的程度还差多远呢？如果爱因斯坦承认百分之九十九的时候他都是错的，也许我至少有百分之八十的时候是错的，也许我该受到这样的批评，如果确实是这样的话，我倒应该表示感谢，并想办法由这里得到益处。"

查尔斯·卢克曼是培素登公司的总裁，每年花 100 万美元资助鲍勃霍伯的节目。他从来不看那些称赞这个节目的信件，却坚持要看那些批评的信件。他知道他可以从那些信里学到很多东西。

福特公司也急于找出他们在管理和业务方面有什么样的

第七章
没有不能改变的习惯

缺点，他们经常对全体员工做意见调查，请他们来批评公司。

卡耐基认识一个推销肥皂的人，他甚至常常请别人来批评他。当他刚开始为柯盖公司推销肥皂的时候，订单来得非常慢，他很担心会失去他的工作。他知道肥皂和价钱都没有什么问题，所以问题一定出在他自己的身上。因此，每次生意没有做成的时候，他就在街上走来走去，想弄清楚问题到底出在哪里。是不是他说的话太含糊？是不是他的态度不够热诚？有时候他会回到客户面前说："我之所以回来，不是想再向你推销肥皂，我回来是希望能得到你的忠告和批评，可不可以麻烦你告诉我，几分钟以前我向你推销肥皂的时候有什么地方做得不对？你的经验比我多，也比我成功，请你给我批评，请你很坦诚地、不加掩饰地告诉我。"

这种习惯使他赢得了很多朋友和很多真诚的忠告。所以，在面对别人的批评时，一定要"有则改之，无则加勉"。

聪明过头就是愚蠢了

生活中常常有这样的情况，人偶尔想聪明地表现一下的时候却往往自作聪明，弄巧成拙。

中国有句谚语，叫作"聪明反被聪明误"。说的就是这种情况。聪明反被聪明误的最有代表的例子，莫过于杨修之死。

三国时期，曹操手下有一主簿名叫杨修，他聪明博学、智慧过人。一次有人给曹操送来了一盒他很喜欢吃的酥点，曹操高兴地在盒上写了"一合酥"三个字。曹操因有事顾不上吃献出去了。杨修马上打开盒子，叫大家将酥点分吃了。曹操查问此事，杨修说：您在盒上写着"一合酥"，这不就是"一人一口酥"吗？我们遵照您的命令，就把它吃了！曹操虽然很不高兴，但也无话可说。

还有一次，曹操路过蔡文姬家，携杨修拜访。曹操参观居室，看到了一幅碑文图轴，于是问文姬这图的出处。文姬说："这是邯郸淳表扬一位孝女的碑文，当时他一挥而就，众人惊奇。我父观此文，写了几个大字于碑后，就是'黄娟幼妇，外孙齑白'。"

曹操不明所解，遂问谁人可解。杨修就说他已明白其中含意了。曹操打个手势阻止了他，说："让我先想想。"曹操离开了宅所，走了三里，才想到了答案。他向杨修说："你可以说了。"

杨修解释道：黄娟是黄色的丝娟，"丝"傍"色"，是"绝"字；幼妇是少女，"女"傍"少"，是"妙"字；外孙是女之子也，"女"傍"子"，是"好"字；齑白是用来受五辛（五荤）的，"受"傍"辛"，是"辞"字。此正是"绝妙好辞"四字。曹操本是个嫉贤妒能的人，听了这话就恨恨地说："你真聪明！我和你的智慧相差三里之远呢！"

于是，曹操一直都想找机会杀掉杨修。一次，在魏蜀战争中，曹操领兵攻打汉中，驻军于斜谷界口，处于进退两难的境地，正在这时，厨子给曹操送来鸡汤，汤中有块鸡肋，曹操感慨万分。这时，夏侯惇来请示口令，曹操随口说道"鸡肋！鸡肋！"

杨修听到口令之后，马上收拾行装。夏侯惇见了，问他为什么？杨修说，鸡肋食之无味，弃之可惜。宰相把汉中当作鸡肋，就是留在这里没有必要了，要准备回去了。所以我先收拾好行李。

曹操知道杨修猜中他的心意，万分嫉恨，借口杨修扰乱军心，把杨修杀了。

　　杨修之死，就在于自作聪明。他不知道，君王喜欢有人辅佐，却不喜欢被人超过。苏东坡说："人皆养子望聪明，我被聪明误一生；唯愿孩儿愚且鲁，无灾无难到公卿。"这虽然是苏东坡对当朝的讽刺，但也说明，一个人自作聪明是很难立身处世的。

　　卡罗来纳长尾小鹦鹉在鸟类中也许是最聪明的，它们的智力水平简直可以与黑猩猩和海豚相媲美。和所有的鹦鹉一样，卡罗来纳长尾小鹦鹉身上的羽毛非常漂亮，毛色黄绿相间，头部为橙色，额上有一片红色的斑块。体长在 30 厘米左右，尾羽长度差不多占了体长的一半。由于尾巴特别长，使得它在行走时很不方便，所以很少下到地面上活动。

　　卡罗来纳长尾小鹦鹉曾广泛分布在美国密西西比河流域。在栖息地，一种叫作麦仙翁的植物几乎到处都是，它们是卡罗来纳长尾小鹦鹉的主要食物。

　　如果卡罗来纳长尾小鹦鹉能就此感到满足，那么今天它们也许依然能在密西西比河流域自由自在地生活着。遗憾的是，聪明的卡罗来纳长尾小鹦鹉生性嘴馋而且"调皮捣蛋"。它们并不满足麦仙翁单一的口味，总是找到农民种植的各种庄稼，在地里又吃又闹，把庄稼弄得一片狼藉。在梨和苹果刚刚挂果的时候，它们往往迫不及待地飞临果园，在那里大肆啄食幼果。

由于卡罗来纳长尾小鹦鹉的种种"不良行为"，它们被当地农民视为"坏蛋"。终于有一天，农民们再也顾不得它们的美丽和聪明了，他们用枪向卡罗采纳长尾小鹦鹉说明谁是地球的真正主宰。1920年，卡罗纳长尾小鹦鹉灭绝了。

卡罗来纳长尾小鹦鹉智力超群，食物来源丰富，又有一身美丽的羽毛，却因为"调皮捣蛋"而导致走向灭亡。这不能不说是卡罗来纳长尾小鹦鹉的悲哀。

因此，真正聪明的人，往往是深藏不露。这也就是老子所谓的"大巧若拙，大智若愚"。本杰明·富兰克林之所以获得很多人的支持，就在于他从不自视甚高。他在自传中说："我立下一条规矩，决不正面反对别人的意思，也不让自己武断。我甚至不准自己表达文字上或语言上过分肯定的意见。我决不用'当然''无疑'这类词，而是用'我想''我假设'或'我想象'。当有人向我陈述一件我所不以为然的事情时，我决不立刻驳斥他，或立即指出他的错误；我会在回答的时候，表示在某些条件和情况下他的意见没有错，但目前来看好像稍有不同。我很快就看见了收获。凡是我参与的谈话，气氛变得融洽多了。我以谦虚的态度表达自己的意见，不但容易被人接受，冲突也减少了。我最初这么做时，确实感到困难，但久而久之，就养成了习惯，也许，50 年来，没有人再听到我讲过太武断的话。这种习惯，使我提交的新法案能够得到同胞的重视。尽管我不善于辞令，更谈不上雄辩，遣词用字也很迟钝，有时还会说错话，但一般来说，我的意见还是得到了广泛的支持。"

第七章
没有不能改变的习惯

人就应该对自己狠一点

在现实生活中，坏习惯很多。这些坏习惯是害群之马，是成功的绊脚石。我们常常会看到这样一些人，他们总是对自己所处的环境不满意，由此而产生了一系列苦恼。比如，一个学生没有考上理想的学校，心里觉得十分自卑，天天想着自己比不上别人。于是烦得要命，书也念不下。这样一天天心不在焉地混，成绩越来越坏，几乎要辍学了，心里又加上一份紧张，这紧张加上以前的烦恼，使他更加懊恼不安。

同样，也有人对自己目前的工作不满意，认为职位低，赚钱少，比不上别人。心里又是自卑，又是消沉，天天懒洋洋的，做什么也打不起精神来。于是工作常常出错，上司也不喜欢他，同事也觉得他没出息。这样，他就越来越孤独，越来越被单位排挤，越来越远离快乐和成功。

其实，一个人对自己目前的环境不满意，唯一的办法就是让自己战胜这个环境。比如行路，当你不得不走过一段险阻狭窄的路段时，唯一的办法就是打起精神，克服困难，战胜险阻，把这段路走过去，而绝不是停在途中抱怨，或索性坐在那里打盹，听天由命。

所以，置身不如意环境的人们，不但不应消沉停顿，反而要拿出积极乐观的精神来面对目前的环境，使时光不至于白白浪费。

如果你在不理想的学校读书，你与其厌烦这所学校，懒得用功，怕见以前的同学，不如喜欢这学校，努力进取，把自己以前所荒疏了的学业充实起来，你在这个学校一样可以有好成绩。或因功课学得好，再找机会考进好的学校。

那些对眼前工作不满意的人也是一样，每一位领导或主管都喜欢提拔那些肯埋头努力、认真工作的人。假如你工作认真，升迁的机会就可能会轮到你，除非没有机会。假使你自以为大材小用，一肚子委屈牢骚，成天懒懒散散，对工作敷衍了事，那么即使有了机会，也不会轮到你头上。

奉劝置身不如意环境中的朋友，停止抱怨，直面现实，把握机会充实自己。一个肯努力上进的人，在任何环境里都用不着自卑。换句话说，一个不肯积极进取、浪费光阴的人，本身就有一些坏习惯，别人是不会因为你环境不顺而原谅你的。

同时，不要对自己目前的东西抱怨或不满。它们可能是贫乏的、不好的，但既然没有办法可以弄到更好的，你就只好迁就你既有的一切，从中去发现出路和希望。不重视现在，就不会有可以期待的未来。

第七章
没有不能改变的习惯

经验告诉你的并不都是对的

在日常生活中，有的人习惯于遵循老传统，恪守老经验，宁愿平平淡淡做事，安安稳稳生活，日复一日、年复一年地从事别人为他们安排的重复性劳动。他们的生活毫无波澜，更乏创造。这种人思想守旧，循规蹈矩，心不敢乱想，脚不敢乱走，手不敢乱做，凡事小心翼翼，中规中矩，虽然办事稳妥，但一般不会有多大出息。

有的人却一身"反骨"，你拿苹果直着切，我偏横着切，看看究竟有啥不同；你说"不听老人言，吃亏在眼前"，我偏不听你的，偏要自己闯闯看。这种人不愿死守传统，不愿盲从他人，凡事喜欢自己动脑筋，喜欢有自己的独立见解。他们思想开放，不拘小节，兴趣很多，好奇心重，喜欢标新立异，最爱别出心裁。因此，这种人脑瓜活，办法多，最能创造出好成绩。

我们希望人们能多做后面那种人，努力在生活和工作中开创新局面，别让习惯成娇惯。因为，只有拥有创新意识才会有创新实践。

一只大雁和一只狐狸都落入猎人设下的陷阱。它们各自都在思考如何逃过猎人的"魔掌"，死里逃生。不久，猎人来了。

飞遍大江南北、见多识广的大雁知道，既然成为猎物，求饶是没用的，于是快速躺在地上装死。猎人以为是被狐狸咬死的，就抓了出来，扔在地上。

狐狸想，民间有"不打笑脸人"一说，于是嬉笑着说："大哥，咱们是好兄弟，您就饶了我吧。我不像大雁，老是糟蹋您的庄稼，我帮您惩罚它。"但猎人根本不予理睬："狡猾的东西，我不会上你的当！"一棍子就打死了它。再回头找大雁，谁知，大雁早拍拍翅膀飞了。

在这则寓言中，我们看到狐狸虽然狡猾，但毕竟目光短浅，思想陈旧，缺乏创新意识，只知沿用老办法，终于难逃一死。而大雁却通过分析猎人的心理，认识到了自己与狐狸的强弱关系，于是力求创新，采用欺诈的办法，诱导猎人犯错误，最终逃过一劫。

上面的例子说的虽然是动物，其实，人也是如此。时代在不断发展，仅靠小聪明，死守老一套的习惯，已经不能适应社会的要求。在如今的社会，只有那些大胆创新，勇于挑战社会和挑战自我的人，才能成为时代的先行者。

第七章
没有不能改变的习惯

摆脱惰性的泥沼才会成功

不论干什么，只有真正去做，才能证明自己的能力。克服不愿行动的惰性和用来支持这种惰性的习惯，你就很容易地投入行动并放弃以往的荒谬想法。

人们通常存在一些心理失常现象。有人极力贬低、诋毁自己；有人对同伴原因不明地狐疑敌视；有人经不起些微挫折，而这些又都是由于自己的惰性耽误了一些重要计划或行动的结果。于是，他们就把自己视为"先天不足"、能力低下的弱者，为此而"痛感"自卑，错误地认为自己今朝此世再也无法更改"命运"的安排，进而导致"误解——惰性——自卑——更严重的惰性"的恶性循环。只有真正去做，才能证明自己的能力。行动使你抛弃习以为常的想法。虽然你畏惧与生人谈话，但强迫自己经常与他们交谈，那么你的种种担心，诸如他们可能恨你、伤害你或给你带来灾祸等，都将难以存在。

同样，强迫自己有规律地学习或写完一篇文章也是证明你完全有能力做到这些。任何自信在得到具体实践之前都难以称作真正的信念。你只有真正去做了，才能用事实证明自己的能力；而当你只是说"我知道我能时"，你仅仅证明你认为自己具有能力。

因此，在自我根除这种习惯或至少显著地消除这种习惯倾向的过程中，努力去做显得非常重要，甚至缺它不可。再如你想找个新工作，可拖延着不去面试，你给自己布置的作业可以是制定一个每周至少进行若干次（如 5 次）面试的目标，然后保证达到这个数目。你若能完成这个作业，就会不仅不再继续拖延，而且打消对面试的错误看法。

比如，你也许相信：你进行面试的能力差；不能忍受自己在这方面的无能；即使得到新工作也可能做不好；做不好就得感到羞耻；不能忍受安排和进行面试的麻烦。然而，你只要强迫自己每周试 5 次就会不知不觉地自动驳倒这些假想并会彻底改变它们。

不仅如此，你在进行面试的同时还可以自我布置思想作业，有意识地对自己的习惯进行挑战。要反驳那些荒谬的看法，你可以问自己这样一些问题："何以证明我的面试就一定会砸锅？即使对此缺乏经验，我就是无能的人吗？找到新工作后我肯定干不好吗？干不好就可耻吗？就算面试很麻烦，我为何不能克服这些困难呢？"

若能自己规定这两类作业，克服不愿行动的惰性和用来支持这种惰性的习惯，你就很容易地投入行动并放弃以往的荒谬想法。而当你战胜自己的惰性，并积极行动起来，那么成功便会在不远处向你招手。

・ 263 ・

不要让固有习惯束缚手脚

在生活中，我们从小到大，都会接收到各种知识，但就在我们认识世界的同时，一个个不可避免的习惯也会固化在我们的头脑里。

一个小孩在看完马戏团精彩的表演后，随着父亲到帐篷外拿干草喂养表演完的动物。小孩注意到一旁的大象，问父亲："爸，大象那么有力气，为什么它们的脚上只系着一条小小的铁链，难道它无法挣开那条铁链逃脱吗？"

父亲笑了笑，耐心为孩子解释："没错，大象是挣不开那条细细的铁链。在大象还小的时候，驯兽师就是用同样的铁链来系住它，那时候的小象，力气还不够大，小象起初也想挣开铁链的束缚，可是试过几次之后，知道自己的力气不足以挣开铁链，也就放弃了挣脱的念头。等小象长成大象后，它就甘心受那条铁链的限制，而不再想逃脱了。"

正当父亲解说之际，马戏团里失火了，大火吞噬着草料、帐篷等物，燃烧得十分迅速，蔓延到了动物的休息区。动物们受火势所逼，十分焦躁不安，而大象更是频频踩脚，仍是挣不开脚上的铁链。

炙热的火势终于逼近大象，只见一只大象已被火烧着，灼痛之时，猛然一抬脚，竟轻易将脚上铁链挣断，迅速奔逃至安全的地带。

其他的大象，有一两只见同伴挣断铁链逃脱，立刻也模仿它的动作，用力挣断铁链。但其他的大象却不肯尝试，只是焦急转圈踩脚，竟而遭大火席卷，无一幸存。

在大象成长的过程中，人类聪明地利用一条铁链限制了它，虽然那样的铁链根本系不住有力的大象。可在我们的头脑中，是否也有许多看不见的链条系住我们？而我们却已经把这些视为习惯，理所当然，进而向环境低头。

这一切都是我们心中那条系住自我的铁链在作祟罢了。或许，你必须耐心静候生命中来一场大火，逼得你非得选择挣断链条或甘心遭大火席卷。或许，你将幸运地选对了前者，在挣脱困境之后，语重心长地告诫后人，束缚我们发展的也许正是我们自己心中的习惯。

体育运动中举重项目之一的挺举，有一种"500磅（约227公斤）瓶颈"的说法，也就是说，以人体的体力极限而

第七章
没有不能改变的习惯

言，500磅是很难超越的瓶颈。499磅的纪录保持者巴雷里，比赛时所用的杠铃，由于工作人员的失误，实际上超过了500磅。这个消息发布之后，世界上有六位举重好手在一瞬间就举起了一直未能突破的500磅杠铃。

有一位撑竿跳的选手，一直苦练都无法越过某一个高度。他失望地对教练说："我实在是跳不过去。"

教练问："你心里在想什么？"

他说："我一冲到起跳线时，看到那个高度，就觉得我跳不过去。"

教练告诉他，"你一定可以跳过去。把你的心从竿上摔过去，你的身子也一定会跳着过去。"

他撑起竿又跳了一次，果然跃过。

可见，一切固守在内心深处的习惯往往都会束缚着你的手脚，使你无法施展。

多换几个视角看问题

角度不同，对问题的看法各异。尤其是面对生活中的困难和挫折，只要我们用另外一种角度去看，便会产生截然不同的结果。

在民间有这么一则笑话：一位老太太的两个女儿都出嫁了。大女儿家做雨伞，小女儿家做布鞋。天晴时，老太太发愁：大女儿的伞卖不出去，日子怎么过？下雨时，老太太也发愁：小女儿的布鞋没人要，一家子怎么活？这天空不是晴就是雨，老太太就天天愁，月月愁，年年愁。

有个善于创造性思维的人规劝老人：你应该掉过头来想，天晴时想，小女儿可好了，这天气布鞋好卖；下雨时想，大女儿可好了，这天气雨伞热销。果然，这以后，老太太天天乐，月月乐，年年乐，日子过得很舒心。

可见，创造性思维的方向与路线多么有趣！同样的现象，不一样的思维，竟造成两种完全不同的心态。

老太太将"晴"与"伞"两个点联系起来，得到的结论是"伞"不好卖，大女儿受苦，自己因此而发愁；同样，她又将"雨"与"鞋"联系起来，得到的结论是"鞋"不好卖，小女儿受苦，自己因此而发愁。

善于改变习惯思维的人劝老太太将"晴"与"鞋"联系起来，得到的结论是小女儿的鞋好卖，日子好过，自己快乐；同样，将"雨"与"伞"联系起来，得到的结论是大女儿的伞好卖，日子好过，自己快乐。

二者都是线式思维，思维半径扩大了，内容丰富了。但方向不同，结论也就完全不同。可见，习惯的角度很值得研究。

世间万事万物都是相互联系的，人们掌握的知识也是多门类多学科的。因此，面对一个思维对象，不能更不必仅仅局限于传统习惯，不能更不必死守一个点。单兵作战，毕竟力量太孤单了。假如拓展开去，到思维对象之外找个帮手，将二者合并思考，合力作战，不就更有力了吗？

见怪不怪本身就有问题

"司空见惯"这句成语说的是习惯对人的影响，而"习惯成自然"，则是指通过多年的磨合，人们逐渐习惯了向世俗低头，孔子说"五十而知天命，六十而耳顺"，说明人们已经完全与习惯融为一体。"门当户对""名正言顺"等对事情的评价的普遍认可都说明习惯对人们的深刻影响，许多已上升到了经验的地步。

中国人说的经验很大的一部分是指对习惯的接受程度，一个人的经验越多说明他对习惯掌握了解得越多。我们说一个人比较成熟，在很大程度上说的是他对习惯的心理接受程度。许多人在逐渐长大、逐渐成熟的过程中，对许多事情"习惯成自然"，在这自然之中，丧失了进取，丧失了良知，丧失了自尊。从现象来说，奴才应该站着，主人应该坐着，这是习惯，让奴才坐着说话时，奴才会谦虚地说"奴才习惯了站着"。"已存在的就是合理的"，其实准确地说是"习惯了就是合理的"。让人们打破大锅饭，不习惯也就是不合理，完全不看这件事的本来情形。早在古代，人们可以说贪官不好，不能说皇帝不好，因为这不符合中国人的习惯和观念。

20世纪70年代，北京某居民楼中施工时工人把2单元的水管按到1单元的水表上了，所以2单元的居民水表一直走得很慢，而1单元的水表一直走得特快。由于二十几年来两个单元居民的水费一直由各单位补贴，所以大家虽然觉得奇怪，但从没有人出面询问过这些事。直到现在，水费涨价、单位不再予以补贴，两个单元的居民发现了其中有蹊跷，请专业人员来查看才知是水表连接有问题。

这个例子很说明问题。多少年来在僵化的大公有体制下，人们对公有利益处于一种完全麻木的状态，这种麻木逐渐成为一种恶劣的习惯，噬食了人们的健康大脑，使他们的思维陷入一种可怕的习惯"定式"之中。集体负责，事实上是无人负责；公有财产，事实上成了无主财产了，习惯了的人们正在一点一点失去自己的责任心、诚实和是非观念。

在"习惯了"的背后，我们发现许多问题，在古代大哲人观念下，在既往严格的思想控制下，人们的特异思维被扼杀了，服从和习惯成了"听话"的代名词，这就是"习惯了"的中国人产生的根源。

当然，中国人对习惯采取的这种接受方式一方面也与大众的习惯心理有关。长期以来，我们发现人们复杂的社会心理中有一种从众现象。看见周围的人都那样做，听见周围的人都那样说，自己也就不去独立思考，盲目地跟着人家那样做、那样说；或者这种行为和观点是自古已然的旧习惯、老传统，自己也就遵从那种传统习惯。这样的从众心理，实际上就是习惯心理。这种习惯心理与大众的素质有关。一方面绝大多数人们没有分辨是非的能力；另一方面具有分辨是非能力的知识分子却由于自身的利益，反而鼓吹这种从众的惰性心理。从现代社会来看，习惯了的习惯心理者作为社会个体，没有特别的发现、发明和创造，干不出什么大事业来，大家都想维持现状，这是十分危险的。对团体，比如一个企业来说，如果每个成员习惯心理严重，就不可能在技术上、设备上、管理上进行探索、试验，大胆改革，锐意创新，至多只能维持原有的生产水平。对一个民族和国家来说，人们的习惯心理只能造成民族和国家长期地停滞不前和落后局面，有时甚至造成人为的灾难。

比如"文化大革命"中的从众现象便对错误的行为起了

推波助澜的作用。"文化大革命"初起时，广大群众是很不理解的。但是，由于迷信"最高权威""最高指示"，迷信"专案材料"，由于"红卫兵运动"的被煽起，不理解的广大群众也就参加了"文化大革命"。

可见服从于习惯，盲目从众，不肯独立思考，对个人，对社会都是有害的。而坚持独立思考，反对惰性习惯，则可以使人们焕发出创造力。

要相信折了翼也是天使

身体残疾是一种生理上的缺陷，受习惯势力的影响，残疾人要想与正常人一样工作、生活、进取，就一定要在心理上战胜自己，别把残疾当缺陷。

在日本，一个天生就没手没脚的人，却以自己的不懈努力成了公众名人和著名主持人。他就是日本青年乙武洋匡。他的成长历程给人们留下的不仅仅是震撼和思考，更给我们带来了他与众不同的思想。

23 岁仍在日本早稻田大学政治学系念四年级的乙武洋匡，已经是一个知名的人物。他的自传在 1997 年出版后，7 个月内就销售了 380 万册；日本 TBS 电视台也请他策划主持"新闻的森林"节目。

让那么多人注意到这个年轻小伙子的，当然是他身体上"五体不满足"的特征——从出生开始，医师就判定他是"先天性四肢切断"，换句话说，就是"天生没手没脚"。

但乙武的魅力所在，却是他面对先天残疾的态度。尽管残疾人的励志故事，大多数人都听过不少，但当乙武以短小到几乎没有的手脚，认真地在篮球场上进行他所谓的"超低空运球"的时候，还是相当令人感动的。更何况，在他从小至今的成长历程中，他又学游泳，又参加运动会赛跑，甚至参加学校的橄榄球队，还积极从事社区发展工作，"五体不健全"对他来讲，只是一个"特征"，而非"缺陷"。值得指出的是，乙武对于"残疾"却以个性化的体验提出了与众不同的诠释，正如他在自传中指出的那样：

"虽然的确不大有人会觉得'残疾者才有吸引我的魅力'，不过也用不着在意，最后还是要看每个人自己的魅力。"

"如果自己不能接受工作内容，也不会对自己的职业产生'自尊'吧！也许社会的确不容易混，不过我可不想'无可奈何'地工作。"

"一般人常说，'要克服残疾'，或是'跨越残疾的限制'，我和我的爸妈却完全不使用这些词。

因为我们没有把残疾当作一种缺陷。"

"小孩子很纯真，看到残疾者会问'为什么'，只要解答了他们的疑问，他们就会毫无成见地接纳。我希望更多人问我，最好是当面来问我'为什么'，否则他们如果把这个疑问一直留在心底，就会变成对残疾者的'心理障碍'。"

人们注意到，乙武的成功其实来自于他对自己的充分自信。

乙武说："我认为我的个性是脆弱的，但我从来没有因为残疾而感到脆弱。"他觉得自己有时不能控制自己的情绪，这是个性脆弱的表现，但这与身体残疾没有什么关系。事实上，从他出生后的第一个月，第一次与他的母亲见面时，他母亲超乎在场所有人的想象说了第一句话，"好可爱"，以及他在小学时的老师，刻意让他过着与正常小朋友一样的校园生活这两点来看，他能够以不同眼光看待自己的先天残疾，已是其生来自有。

面对现在的成功，乙武有些不习惯，他说："成了名人有很多的限制，像现在和女孩子一起走，别人看了觉得很奇怪，成为目光的焦点。"

乙武现在就有了这种盛名之累。不过，乙武相信，虽然成为名人给他带来不少限制，但也因此有机会可以把自己的一些想法传达给许多人，这还是很有意义的事。例如，他会觉得，现在各界对他瞩目，或许过些时候就不会再有人去评论他，他不愿自己只是带起一股热潮，而希望能够有持续性。目前，他便透过媒体，一方面接受访问，把自己成长的一些想法告诉别人；另一方面，在他自己的节目当中也访问别人，传达别人的想法。

乙武的故事，纯粹就是一个激励人心的小故事。即使世间励志的故事不知有多少，但在他的书中，属于乙武个人的只字片语，还是值得玩味的，正像乙武所说："既然有残疾者做不到的事，也应该有残疾者才能做到的事。上天是为了教我达成这个使命，才赐给我这样的身体。"

人生中，你要敢走非同寻常路

不论是在人生当中，还是在事业当中，要想获得较大的成功，就要走与众不同的道路。

目前，世界上最富有的人仍然是比尔·盖茨，许多年来他一直都是高居世界财富榜首位。为什么比尔·盖茨会如此富有？

有些人说因为他是个天才，有些人说是因为他善用策略，还有些人说是因为他对市场营销很在行，也有人说是因为他懂得如何聘用最好的人才为他工作。这都没错，但是有一点不可忽视，比尔·盖茨之所以会是世界之首富，乃是因为他很有远见，敢于走与众不同的道路。

当比尔·盖茨创立"微软"时，它只是个很小的公司。当时居世界第一位的是 IBM 公司，但它坚持认为未来仍然将会是以商务机器为主，但是比尔·盖茨知道计算机硬件是由软件所控制的。因此，他没有做硬件，而是专心做起了当时还不为人所关注的软件。结果，"WIN95""WIN98""WIN2000"等软件一面世，就让那些做硬件的人付出了沉重的代价——你要装软件吗？拿钱来！

　　试想，如果比尔·盖茨当时没有微软件，而是和别人一样卖机器，他现在肯定成不了世界首富，而是不知道在哪里卖机器呢。

　　翻开历史，走与众不同的道路而成功的不乏其人：孙中山没有走改良派的道路，推翻了清政府；毛泽东拿起了枪杆子，建立了中华人民共和国。这些事情都已经耳熟能详了，在这里，我们不妨讲一下台湾IT业崛起的例子吧：

　　中国台湾IT产业起步时没有自己的品牌与核心技术，又没有本土市场可以依托，但是台湾人却依然把IT做得红红火火，这是为什么呢？原因就在于，台湾人在搞大制造方面，比美国人和日本人都"专精"——"每一分每一厘钱都要去省"。

　　在美国，开发一个大制造产品，有40％利润才做。如果利润在15％～20％以下，就放弃了。日本制造比美国有竞争力，大概是在20％～10％利润之间。而台湾在5％～8％之间就可以做得很好。正是因为台湾人与众不同的经营理念，所以他们才一次又一次地接到了国际上大的订单，终于成为世界上最大的IT生产基地。

　　走与众不同的道路，同时也告诉我们，要学会发挥我们的特长。要知道，在经济全球化的浪潮中，一个国家、一个地区乃至一个产业不可能具备全方位的优势，你可能这方面不如别人，那方面不如别人，但是你必须有一样是出色的，否则，你将无法在产业链环中立足。台湾IT产业的崛起也印证了这个道理。

试着用 21 天养成新习惯

在现实生活中，想法和习惯是经常结合在一起的。其中一方改变了，另一方也会自动地改变。我们有意识地、谨慎地培养新的好习惯时，想法就容易不适应旧的习惯，需要换上新的"款式"。

提到改变习惯性行为或者形成新的行为模式，直至它们成为自动反应时，很多人都畏缩不前了。他们把"习惯"与"癖好"混为一谈。癖好是指你觉得有强迫性的行为，它会引起严重的萎缩症状。

相反，习惯是不需要我们思考的，这完全是下意识的自动行为。

我们的表现、感觉和反应有 95％ 是习惯性的。钢琴家用不着"决定"该触哪一个琴键；舞蹈家用不着"决定"脚往什么地方移。他们的反应是自动的、不假思索的。同样，我们的态度、情感和信念也容易变成习惯的。

我们只要费费心思作个决定，再练习或"形成"新的反应或行为，习惯就能修正、改变，甚至完全扭转。钢琴家要加以选择的话，可以有意识地决定按另一个琴键，舞蹈家可以有意识地"决定"学会一个新的舞步——而且没有什么苦恼。完全学会新的行为模式需要的是不停地注意和不停地练习。

你穿鞋时，习惯上不是先穿右脚就是先穿左脚。你系鞋带时，习惯上不是把右手的鞋带从左手的鞋背后绕过来，就是反着绕。明天早晨，你想好要先穿哪只鞋、怎样系鞋带，然后，你有意识地下决心在 21 天里形成一个新的习惯，先穿另一只鞋、相反的方向系鞋带。每天早晨以特定的方式穿鞋系带，用这种简单的举动提醒自己：在这一整天里都要改变其他的习惯性思考、感觉与行为。在系鞋带时对自己说，"今天我以一种新的、更好的方式开始"。然后，一整天内都有意识地下这样的决心：

（1）我要尽量精神愉快。

（2）我对别人的感觉和行为要友善一些。

（3）我对别人及其错误、失败和过失要少苛求、多容忍。要尽可能从最好的角度来解释他们的行动。

（4）我要尽可能地表现得对成功有把握，觉得自己就是我所希望的个性。我要练习在"行动"和"感觉"上都像是这个新的个性。

（5）我不让自己的观念给事实蒙上一层悲观或消极的色彩。

（6）我要练习每天至少微笑 3 次。

（7）不论发生什么情况，我的反应要尽可能地冷静和有理智。

（8）对于无力改变的那些悲观的和否定的"事实"，我将完全不予理睬，拒之于头脑之外。

简单吗？当然简单。但是上述行为、感觉和思维方式的任何一种都会对此产生有利影响。坚持练习 21 天，"体验"这些步骤，看一看信心是否会增强。

成功对我们每个人来说，也许是一种可望而不可即的事情，你也承认不是别人和环境，而是你自己的所作所为使你不能获得成功。你将不再安于生活的现状，也不再指望一些奇迹的产生。

你已明确，正是你自己必须去干些什么，以便抓住获得成功的机遇。你必须改变自己的行为方式，而这种改变也是一种挑战，你必须放弃习惯了的一些东西，而去经受一些你所陌生的东西。

改变旧习惯是艰难的。当我们被要求除去那些我们所熟悉的思想和感情时，我们都会本能地加以抗拒，尽管我们也承认自己身上那些习惯是有害的。

改变不可能很快实现，它必须是一个渐进的过程。如果我们试图在一夜之间变得成功，我们将只会再一次面临失败。改造我们自己那些妨碍我们成功的习惯，是我们值得庆贺的第一个成功。

环境变了，习惯也要改变

说到习惯，我们常常会想，是不是有一些过去的习惯就在你的眼前欺骗或者伤害了你呢？我们所要做的就是摒弃以往那些不好的习惯，这说起来好像很轻松，而付诸实践却是很难的。

曾有一个广告人告诉我他有嗜烟的习惯，这一习惯最终害苦了他——他的身体被毁了，所以他下决心要摒弃这个习惯——戒烟，下面就是他克服这个坏习惯的方法。

他知道如果他总是因为戒烟而觉得对不起自己，那他就没救了。别人会说"只要意志坚强就可以嘛"！但对于戒烟来说，确实很难。戒烟让他变得脾气暴躁，工作效率降低，而他最终解决这个麻烦的方法是马上再养成其他的习惯来代替抽烟。

现在，他说，当我们看到他站在窗口前深呼吸的时候，他就是在以此来替代抽烟；当我们看见他在漱口的时候，他就是在当自己正在抽烟；当我们看见他吃晚饭后直接去刷牙时，他就是在当自己正在抽烟。他用这些行为强迫自己形成了新的习惯，代替了自己以前抽烟的恶习。

其实，习惯的新陈代谢不仅在生活中会常常发生，就是经商开店也会因地情与人情的变化，而不得不改换经营的思路。

广州某新区有一条马路，路边的几家小饭馆就数由北方阿姨经营的饭堂最红火。这家饭堂用料纯，分量足，味道美，卫生条件也不错。虽然花色品种不多，总体档次不高，但经济实惠，颇受周围居民及附近的建筑工匠们欢迎，因此回头客多，生意很旺。

两年过后，老板赚了一把，于是花一大笔钱把店堂装修一新，蓝色玻璃墙替代了铁皮拉闸门，高级霓虹灯换下了木板门牌，粗桌粗椅不见了，高级餐桌摆上了……

可是，事与愿违。本指望生意能发扬光大，谁知适得其反，重新开张几个月了，饭堂门可罗雀。原来，居民们、工友们一见新饭堂那么漂亮，心想人家鸟枪换炮了，档次和消费水准自然高了，服务对象也高了，再不是自己的去处了。顾客走了，饭堂还好得起来吗？

到一个街区开办饭堂，首先应该想到的是本街区居民的基本情况，充分考虑他们的文化水平、经济能力、生活档次，才能准确定位，合理设定服务项目与服务等级。在一个以打工族为主要居民的街区，不适当地提高装修水平，提高服务档次，把老顾客给吓跑了，自己也就断了财路。这家饭堂前期经营成功，是因为他自觉或不自觉地适应了本街区居民的消费能力与生活需求，定位准确，切合地情，故而有效地占领了市场。后期经营失败，则是因为它背离地域的客观存在，头脑发热，试图提高服务水平，但却人为地拔高消费者的承受能力，违背地域实际，结果只能自砸牌号，自毁前程。

天津"狗不理"包子久负盛名，在北方几乎是家喻户晓。它的分店开到深圳时，却大受冷遇。商家尽管不断加大宣传力度，多方开展促销活动，始终只能热闹一阵，难以吸引众人持续钟情于它。经营者面对尴尬的局面，深入街区调查，发现不是包子质量不好，也不是口味不对，而是深圳人对"狗不理"的名称太感冒了，心理上接受不了。经营者思之再三，忍痛摘下"狗不理"的牌子，换上"喜相逢"的匾额。真是神了，立即柳暗花明，顾客盈门，生意大有起色。

很多时候就需如此，因为地域不同，观念有异，对应办法也应该有所改变。

"狗不理"的根据地在北方，朴实的北方人视之为宝贝，自己的孩子自己爱嘛！深圳人就不同了。深圳毗邻香港，重视名头，讲究吉祥，忌讳很多。"狗不理"字面意思不雅，深圳人接受不了。聪明的经营者虽然空间视角不灵，但一经发现问题，当即请教社会，深入街区调查，并立即调整思路，是很明智的。

　　可见，消费者对商品有不同的审美习惯。符合他们习惯的便会产生购买欲，反之，则再美也弃之不用。欧美国家视黄色为太阳与光明，巴基斯坦则对黄色表示厌烦，希腊、罗马认为黄色象征吉祥，叙利亚则以黄色象征死亡。我们看一些小例子：

　　山羊牌闹钟在许多国家受欢迎，在英国却一个也卖不出去。原来，山羊在英国被喻为"不正经的男子"。上海出口一种防蚊虫叮咬的药膏，名为"必舒膏"。言下之意是用了这种药膏，必然感到舒适。可产品到了香港，却无人问津。原因是"必舒"谐音"必输"。香港人好"发"，好赢，谁去买"必输"呢？

　　世界就是这样，不同的国家、不同的地区就有不同的文化、观念和心理。当习惯不再习惯时，我们就应及时地改变。

管不了自己？那就找人帮你

利用别人监督自己，可以使自己在意志最薄弱的时候坚持下去。在这个时候，别人起到了刺激自己的作用；如果食言，便意味着自己这个人言而无信，这在很多人看来，是最大的耻辱。因此，他们也就能够调动自己所有的积极性，去为自己宣称的目标而努力。

美国心理学家曾对一千多名智力超常的儿童进行长达50年的追踪调查，发现其中有些人后来在事业上获得了很大的成就，声名显赫，有些人却一事无成，默默无闻。心理学家根据被调查者成就的大小，把他们分为"有成就组"和"无成就组"，进行比较研究，发现这两组人之间最大的差异在于意志品质方面。那些获得较大成就的人，常常把自己的行动目标告诉别人，在别人的目光监督中取得一个个成就；而"无成就组"的那些人，大都性格内向，不敢说出自己的目标，以至于在时光中悄悄磨灭了自己的理想。心理学家由此得出结论：人们能否取得事业上的成功，在很大程度上取决于是否有人关注着他，监督着他。

俄罗斯伟大作家列夫·托尔斯泰在青年时期曾一度沉湎于奢华和挥霍，荒废了学业，还留过级。后来，他决心同自己的意志软弱做斗争，制定了《发展意志守则》，并将这个规则向自己的家人和朋友通告，宣称自己要"使肉体的需要完全接受意志的鼓励"。他强迫自己完成每天该完成的工作，终于写出了一系列世界名著，成为俄国历史上最伟大的作家。

美国电影界奇才、好莱坞著名编剧伍迪·艾伦，1935年12月1日出生于美国纽约的布鲁克林区一个犹太人家庭，从小对电影有一种狂热的喜爱，但是他却从未接受过正式的电影或者表演教育，一直以为报纸写一些讽刺小品为生。但他克制不住自己对电影的狂热，决定依靠自学走上电影之路。经过长期磨炼，到20世纪60年代初，他已经成为一名相当出色的电视表演艺术家。于是他开始向戏剧界发展，为百老汇编写剧本。到了1977年，奇迹出现了，伍迪自编自导自演的影片《安妮·霍尔》击败了所有对手，在强者林立的奥斯卡争夺战中取得了辉煌的胜利，捧走了四项奥斯卡大奖，伍迪一夜之间成了享誉全球的大明星。

伍迪的写作有一个特点，就是每写一部作品前，都要找他的朋友大谈其作品的内容以及自己要

第七章
没有不能改变的习惯

写出来的决心。在一遍遍的复述中，他充实了自己
的作品，并逐步下定了写作的决心。

有人问他为什么这样做，他坦承自己是个非常
懒惰的人，如果没有朋友的监督，他可能一事无
成。"他们经常问我写作的情况，如果我不写，自
己都觉得不好意思了"。

可见，利用别人监督自己，可以促使自己在条件艰苦的
时候继续奋斗，从而使事业得到发展。

学会利用他人监督自己。你可以将你的目标告诉他人，
这样你就会把自己放在别人注目的位置。为了使自己免于
堕入"吹牛家"的恶名，我想你会竭尽全力奋斗的。